微境品主理人・苔哥
花草遊戲編輯部　著

鹿角蕨・石松・空氣鳳梨
蘭花・觀葉植物

牆上的綠色植栽

上板

U0020356

作者序

我是一個在台北市都會叢林中，從事苔蘚生態瓶的設計與教學工作者，這幾年來下來接觸衆多客群，有很多不同的感觸。

在營業初期，對於植物有興趣的人以退休人士或是家庭主婦居多，但近年來，辦公室族群中，喜歡植物的人有急速增加的趨勢。在深入跟學員及客人們聊過後發現，很多人想要開始接觸植物的起因，都是覺得植物好像有療癒舒壓的能力，看著他們一點一滴的長大，就暫時忘卻在生活中或是工作上的壓力。所以這股想要親近植物、接近植物的風潮，似乎年齡層正漸漸的下降，種植植物不再是退休或是閒暇人士專屬的娛樂了！

而在都會區中，植物的種植方式，從早期的盆栽、水耕，到這幾年來的無土栽培，漸漸有了變化。當然，每種方式各有其優缺點，也都隱含著不同的樂趣與學問。在這本書中，我們將帶著大家來認識跟了解一種新興的，也非常適合都會區種植的方式 ─ 板植，也就是俗稱的「上板」。以往的印象，蘭花是最常上板的植物，近來隨著鹿角蕨新興流行，以及IG打卡風格牆的帶動，讓上板這種方式大放異彩，時常可見植物一板一板吊掛整個牆面的綠意佈置，令人眼睛爲之一亮！而且透過上板種植，也讓我們用一種嶄新的角度，重新看待在身邊的各式植物。

冰冷的牆面上，裝飾的物品多是掛畫、相片或是時鐘，何不來點有生氣的植物？

居家環境中，植物只能放在桌上、地上嗎？牆上來一板生意盎然的植物，讓空間有律動、像是會呼吸！

桌上地上真的無法再擠出空間放置心愛的植物？不妨把腦筋動到牆上。

3

「上板」雖說不難，能夠上板的植物也數之不清，但卻發現這樣值得推崇的種植方式，竟然沒有任何參考書籍！於是筆者開始大量摸索哪些植物適合上板？怎麼挑選耐用的板子？用什麼介質、線材包裹固定植物？以及後續的照料維護技巧，然後將這段時日上板的心得在此書中完整分享。本書將會利用一些常見也好取得的市場植物，一步步的教導你，如何自己打造出一個個像是藝術品的上板植物。只要抓出一小段空暇時間，照著書中的步驟，學習自己上板，你將不僅可以在上板的過程中，深入的與植物進行對話，還可在輕鬆完成後，讓自己的居家、工作室、辦公室，有著像畫廊或咖啡店一樣優雅的掛植！

　　此外，目前在坊間，愈來愈多公司、店家、或是私人住宅，利用上板植物來點綴原本枯燥的牆面，書中也收錄了14個精彩案例，他們大方的分享作品美圖，以及打造的過程心得，大家可以藉由這些案例觀摩，激發出更多上板靈感。以前種過的植物，或許可以動動手將它上板，用另一種角度去欣賞；以前沒嘗試過板植方式，就嘗試著一起來做做看，讓周遭環境也能展開有別於以往的新奇氛圍！

微境品主理人 _ 苔哥

牆上的掛畫，搭上活的上板植物，也是如此合拍！

乾淨清爽、簡單好照顧是植物上板最大的優勢。不用去猜何時需要澆水，只要用你的手輕輕的去碰觸外層的水苔，保持微微的濕潤即可。

圖片提供／Jasper Chen

背板的素材，也可以因為裝潢氣氛的不同有各種變化的方式。

窗邊偏光的一個小角落，只要一個小小的上板植物，氛圍立刻不一樣。

目錄

Part 1

準備工具材料

Part 2

風格上板設計實作

Type 1 鹿角蕨

Type 2 蕨類植物

Type 3 空氣鳳梨

Type 4 蘭花植物

Type 5 其他植物

Part 3

綠色風格牆賞析

STORE

HOUSE

Part 1

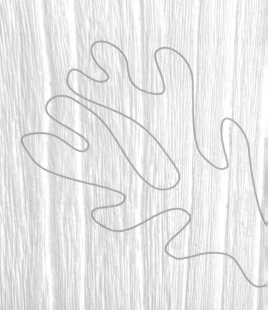

準備工具材料

| 材 | 料 | 介 | 紹 |

要將植物上板，首先可以考量板材取得方式，以及是否要搭配環境，營造風格品味。再來就是用來固定植物的介質、繩線種類是否易於操作以及耐用度。以下分別作介紹。

板材

栽培介質

綑綁線材

板 材

① 松木板或柚木板

取得容易，價錢也便宜，如果是在木材行買，通常可以請廠商幫忙裁切成喜歡的大小。這是一種最容易搭景的材料，不管什麼風格的場所都能適用。

② 蛇木板

具有通風的特性，也容易讓植物攀根，不容易積水。缺點為長時間使用之後容易粉碎，隨著原料減少，價位也水漲船高，加上通風透水的特性，也容易讓牆面潮溼引霉，建議室外使用。

③ 棧板

這是作者最愛的材料之一，取得更簡單，幾乎是免費，且由於國際運輸棧板材料有規定需要經過消毒，才能進入其他國家，所以較少有蟲蛀的狀況發生。也由於棧板通常會有使用過的痕跡，更有工業風或是復古的感覺，缺點則是必須要自己拆除拔釘和裁切至合適大小。

④ 砧板

取得容易，加上製作砧板的木頭材質都會選用耐壓耐磨比較硬質的木頭，所以植物上板後可以使用相當長的時間不會有破損或是發霉的問題。缺點是植物要攀根比較不易，加上重量會比較重些。

⑤ 烤肉網

由於食安問題，很多烤肉網都改用白鐵製造，使用過後就被丟棄相當可惜。也因為白鐵有不易生鏽的特性，加上通風，拿來上板會有種不同的感覺。缺點也是貼牆使用，容易讓牆面潮溼，建議室外使用。

⑥ 樹皮

樹皮是最好搭景的材料之一，製作完成後看起來最自然，還可以模擬出蕨類植物原生的樣貌。缺點是長時間使用之後容易分解，需更換樹皮。

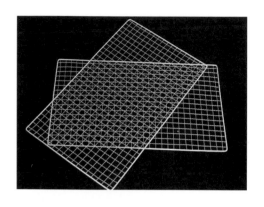 

⑦ 其他

其他像是竹製蒸籠、淘汰的枕木、漂流木、原木切片、木箱…都可以發揮創意，從生活中回收舊物再利用。

栽培介質

水苔

水苔可以吸收比自身重20 ～ 25倍
的水分，水苔還有抗菌效果，加上
它很便於觀察是否需要澆水，非常
適合在板植使用。選購時請找原料
較完整不粉碎的，除施工較簡單
外，日後也不太會掉削。

• **TIPS** • 　購買植物回來上板，脫盆時如看到介質中夾雜著樹皮塊、椰纖塊等物質，建議
去除乾淨再以水苔來包覆上板，可避免其他物質日久酸化腐敗，影響植物生長。

綑綁線材

① 釣魚線

釣魚線有不怕水、韌性強的優勢，
在木板類材質施作時，因為線徑較
細，綑綁後較不明顯且美觀，是我
們很推薦的一種固定材料。選擇的
植物如果比較容易發根，也可以在
日後發根固定後，將釣魚線拆除。

② 棉麻線

棉麻線有相當多的顏色可以選擇，
選擇米色、咖啡色系，施作完成
時比較看不到綑綁的線，會比較美
觀。缺點是長時間潮溼容易分解，
但也因為容易分解，在植物發根線
材自然脫落後，更加自然好看。

其他工具

① 釘子

施作上板時，如果不希望綑綁的線材太過於明顯，可以善用釘子來輔助，能夠巧妙的將線材隱藏不外露。不過因為平時要澆水，建議選用白鐵材質或是鍍鋅材質的釘子，避免生鏽不雅並影響到植物生長。

② 電鑽

在上板時，有很多機會需要鑽洞，這時候電鑽就是一個方便的工具，而鑽頭不需要太大的尺寸，準備幾隻3mm以下的就已經足夠了。

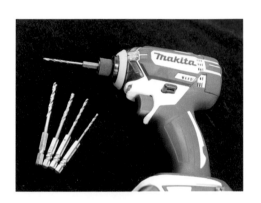

③ 鋁線

在上板施作中，鋁線簡單好施工也容易塑型，除了固定植物方便，本身較不怕水、不易產生鏽類問題外，也能利用鋁線做出漂亮的吊掛勾。

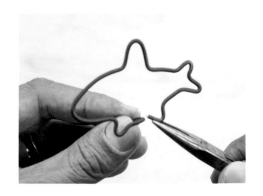

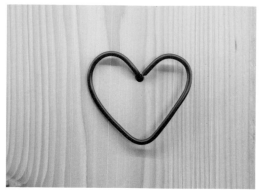

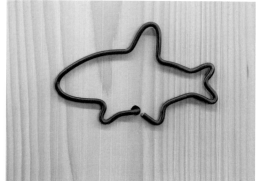
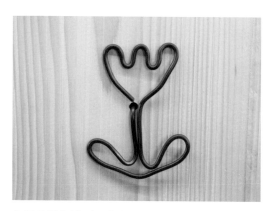

各種吊掛勾造型，您都可以嘗試看看！

④ 螺絲起子

上板時，可以在板上鎖上幾個螺絲幫忙綑綁水苔，或是製作吊掛支架，所以螺絲起子是必要的。

⑤ 鋸子

在裁鋸木板長度或是修型時，居家常見的鋸子會是一個相當方便的工具。

⑥ 噴燈

現在訪間流行工業風或是鄉村風，可以試著使用噴燈，將木頭的紋路燻黑讓它變得更明顯，一點小小的動作，會讓視覺上有相當大的差異。

。 **TIPS** 。 由於會有明火的使用，年紀小的朋友請大人從旁協助，也務必在室外施作，並準備好可以滅火的器材，以備不時之需。

Part 2

風格上板設計實作

Platycerium

鹿角蕨

鹿角蕨介紹

鹿角蕨為近年來相當流行的植物，主要產地大多在熱帶及亞熱帶的地區，氣候環境和台灣相似，所以相當適合在台灣種植。加上他生長的姿態，有著外觀差異很大的葉型，一是孢子葉，其會向前或向下延伸分叉，外觀像似鹿角，葉背會生孢子；二是營養葉，具有貯存養料和水分的功能，葉型向上或是向兩側生長，屆時會包覆整個後背植板。

鹿角蕨上板

REASON 1

同於它原生的姿態，依附在其他植物或是物件上生長。
——

REASON 2

吊掛方式種植也利於似鹿角的孢子葉生長，使其不易積水致傷。

普通鹿角蕨 × 松木板

近年來最能代表上板植物的，
無庸置疑的就是文青雅緻的鹿角蕨，
咖啡店的門口、藝文書店的窗邊，處處都看得到他的身影，
美麗的姿態總是讓人觀賞駐足許久許久…

<table>
<tr><td>植物
PLANT
挑選</td></tr>
</table>

普通鹿角蕨

挑選要上板的鹿角蕨，建議以四吋、五吋盆大小的植株來操作，一方面根系比較發達、葉型較明顯；另一方面芽點較大，容易辨識上板方向，除了較好施作外，成長速度也會比四吋以下小苗快速許多。而普通鹿角蕨為多種鹿角蕨交異配種產生，具有體質良好、容易馴化且容錯率高的特性，最適合第一次嘗試鹿角蕨上板的新手！

<table>
<tr><td>板材
BOARD
挑選</td></tr>
</table>

松木板
可依需求請店家裁切尺寸
厚度有 2cm 較耐用

因鹿角蕨後期成長速度會加快，所以板材尺寸不宜太小，避免短時間又要再次換板徒增困擾。如範例4吋盆鹿角蕨所使用的板材，大約是15×25公分左右，這樣的大小最少就能夠讓鹿角蕨安穩不用換板的待上2年左右的時間。松木板價格低廉，一般的木材行都可以購買，也可請木材行當場幫忙裁切所需要尺寸。而松木板的厚度，因為鹿角蕨植株較大，建議使用2公分左右的板材來施作會比較安心。

<table>
<tr><td rowspan="6">材料準備</td><td>●普通鹿角蕨1株</td></tr>
<tr><td>●水苔適量</td></tr>
<tr><td>●松木板1塊</td></tr>
<tr><td>●0.2mm釣魚線</td></tr>
<tr><td>●2.5mm鋁線</td></tr>
<tr><td>●鑽洞工具</td></tr>
</table>

■普通鹿角蕨和其他鹿角蕨比較起來，所需澆水量較多，為了避免線材分解，綑綁線材推薦使用0.2mm釣魚線，一方面耐濕、二方面美觀。

■考量鹿角蕨後續成長之後重量不輕，吊掛勾選用較粗的2.5mm鋁線材來製作。

亞皇鹿角蕨 × 蛇木板

承襲親本亞洲猴腦和皇冠鹿角蕨的特色，
亞皇鹿角蕨極具個性美，有著常綠色營養葉孢子葉，
懼怕悶濕的體質，附著於深色且通風的蛇木板，
完美合拍的搭配在一起。

上版前準備
LET'S DO IT!

植物
PLANT
挑選

亞皇鹿角蕨

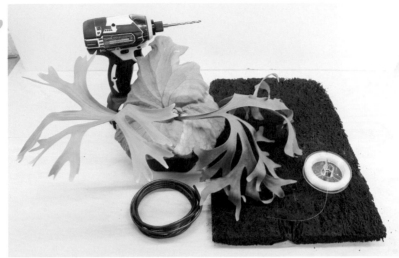

如今市場上所見亞皇鹿角蕨,大部分爲人工培育產生,植株品質比一般山採來的穩定也好照顧。爲避免都會區悶熱的天氣,初期馴化困難,建議挑選體質較好、植株較大的來施作。選購5吋左右亞皇鹿角蕨,檢查營養葉及孢子葉有無乾枯或大量水傷的情況,並用手觸摸葉脈確定爲硬挺,沒有軟化或是過於乾薄的狀況,也盡可能的尋找盆內介質雜質不多的植栽較易施作。

板材
BOARD
挑選

蛇木板
細密的不易碎裂
厚質較耐用

一般挑選比植物大些的蛇木板來施作,預留植物成長空間。蛇木板有分粗細,在爲鹿角蕨上板時,筆者比較建議用細密一點的板材,雖說會使得鹿角蕨抓根較爲不易,但因鹿角蕨上板時,中間已鋪上厚厚一層水苔,植株的根部要長到蛇木板需要一段很長的時間。選擇細一點的板材,其使用年限比較久,如果使用粗顆粒的板材,或許根部還沒長到,蛇木板就已經分解碎裂了。尺寸與厚度會影響價格,應挑選厚度足夠較爲耐用。

材料準備	●亞皇鹿角蕨1株
	●蛇木板1塊
	●鑽木工具
	●3.0mm鋁線
	●0.3mm釣魚線

■考量鹿角蕨後續成長,重量會增加,鋁線和釣魚線建議選擇較粗的3.0mm鋁線和0.3mm的釣魚線,以對抗上板後線材需要承受的重量。

■此範例使用5吋盆亞皇鹿角蕨,尺寸大、重量相當重,我們挑選較厚實,尺寸爲30×40公分,厚度近3公分的細密蛇木板來施作。

(1) **脫盆**——通常盆栽內會填塞水苔、石頭、棉絮、碎木或是培養土等多種介質等，建議剔除乾淨，只留下水苔部份，讓介質盡量單純，並小心勿損傷根系。

(4) **綁上線材**——將釣魚線先固定在板材中間打上死結作為固定。

(2) **蛇木板鑽孔**——利用電動工具或是手鑽出兩個孔，一孔於蛇木板寬度1/3處，另一孔為2/3處。由於準備的是3.0mm鋁線，所以孔徑也須有3mm。

(5) **放置植物**——因鹿角蕨孢子葉下向垂墜的生長方式，所以我們將亞皇鹿角蕨放在板材中上方位置。

(3) **製作掛勾**——將鋁線兩端分別穿過兩孔之後，彎折做出掛勾。

(6) **填塞水苔**——施作前預先將水苔浸濕，將水苔填到營養葉下方，務必塞到密實。亞皇鹿角蕨成株時，營養葉將會變得相當的壯大，所以我們將水苔高度堆壓約5cm。

7 **水苔塑形** —— 將水苔塞壓成半圓形的狀態，未來營養葉生長會慢慢將水苔包覆住，做成半圓形的形狀，日後營養葉的外觀便會圓滑可愛。

8 **纏繞線材** —— 利用之字型的綑綁方式，以釣魚線纏繞水苔數圈，直到板材直立，水苔不會掉落為止。過程中要避免線材包覆壓迫到營養葉。

⑨ **剪斷線材** —— 纏繞完畢後，即可剪斷，留取的線段不必太長。

⑩ **打結收尾** —— 將線頭與纏繞的線打結後，把線頭塞入水苔中隱藏。

⑪ **完成**

亞皇鹿角蕨

學名
P. ridleyi ×
coronarium

生長適溫
15-30°C

光線需求
半日照

濕度需求
💧💧

亞皇鹿角蕨是亞洲猴腦鹿角蕨和皇冠鹿角蕨交異的品種，因為營養葉有著猴腦類鹿角蕨明顯紋路的特徵，而孢子葉卻像皇冠鹿角蕨一樣有著分裂飄逸帶著捲曲的姿態，所以大受喜歡。

目前人工培育繁殖的相當多，價錢也日漸親民，適合栽培於通風而沒有陽光直曬的環境，水苔乾了再澆水，如此便可輕鬆愜意的欣賞到兩種不同型態鹿角蕨的美。

亞皇鹿角蕨的親本：亞洲猴腦鹿角蕨（左）和皇冠鹿角蕨（右）

。維護秘訣。

亞皇鹿角蕨的親本是亞洲猴腦鹿角蕨交異皇冠鹿角蕨，保留了亞洲猴腦及皇冠鹿角蕨的特色，比較不怕高溫，但懼怕陽光的直曬，及介質過濕的狀態。建議可以掛在室內通風偏光的牆面上，水苔確定乾燥再澆水，乾濕分明即可，介質不需過分的保溼。

三角鹿角蕨 × 竹蒸籠

竹蒸籠與三角鹿角蕨可愛的搭配，
讓人覺得新奇又帶點兒俏皮，
三角鹿角蕨的欣賞特色是營養葉高大且左右對稱，
而孢子葉則短寬下垂，相當有形，
搭配圓形蒸籠可與其外型呼應！

植物
PLANT
挑選

三角鹿角蕨

三角鹿角蕨進口已經相當長的時間，市場中價格相當實惠好入手。但其特性容易生長出側芽，在上板施作時分割側芽對於初次上板的人有一定的難度，建議找尋單顆無側芽，葉片沒軟化損傷的植株來施作。

板材
BOARD
挑選

竹蒸籠
透氣度絕佳
竹製蒸籠耐濕耐用

港式小點的蒸籠、炊包子饅頭或糕點的蒸籠，有著各種大小尺寸，最大的好處是：絕對通風，加上原本就是要放入高悶濕熱的水蒸氣之中，所以材質相當耐濕及耐用，而且取得容易。挑選時可依照植株大小來搭配，形狀以圓形為主，若想營造風格，也可尋找方形等其他變化形狀的蒸籠。此次範例準備的是4吋盆三角鹿角蕨，選擇直徑12公分，高度6公分的竹蒸籠來操作。

材料準備	●三角鹿角蕨1株
	●水苔適量
	●2.5mm鋁線
	●0.2mm釣魚線
	●鑽孔工具

■因考量到其澆水頻率比較高，還有三角鹿角蕨成長快速，故使用較粗的2.5mm鋁線。
■使用0.2mm釣魚線，操作上會比較容易穿過蒸籠旁開孔固定水苔的洞。

④ **鑽孔**——在蒸籠外緣使用工具鑽出 2.5mm 的孔。

④ **鑽小孔**——在蒸籠前緣對稱方向，一共鑽出 6 個 1mm 的小洞。

② 一共要鑽兩個孔，距離約 3～5 公分。

⑤ **填塞水苔**——水苔預先泡水，再將鹿角蕨放入蒸籠，邊緣空隙填塞水苔，直至固定不會晃動。

③ **製作掛勾**——鋁線兩端分別穿入孔中製作吊勾。

⑥ **纏繞線材**——以 0.2mm 的釣魚線穿過步驟 4 所鑽孔洞進行纏繞。

⑦ 類似星芒圖形纏繞，直到竹蒸籠直立時，鹿角蕨和水苔不會掉落為止。

⑧ **完成**

三角鹿角蕨

學名
P. stemmaria
生長適溫
15-30°C
光線需求
半日照、散射光
濕度需求
🌢🌢🌢🌢🌢

三角鹿角蕨是來自非洲的多芽型鹿角蕨，營養葉高大，兩片孢子葉中間呈現V字型的裂口。和一般鹿角蕨最大的不同點是，它喜歡潮溼且略陰的環境，所以栽培於略低光的環境或室內偏光處為佳，也因為愛潮溼，可以多餵他一點水喔！

三角鹿角蕨成長後葉片有V字型裂口。

CASE

4

大型女王鹿角蕨 × 松木板

入門級的鹿角蕨種類，新手都能輕鬆駕馭，
給人莫大的成就感！夏季生長快速、不畏冬天寒冷，
就用最單純的松木板，不去搶奪風采，
期待女王鹿角蕨帶著霸氣降臨！

上版前準備
LET'S DO IT!

植物
PLANT
挑選

女王鹿角蕨

市場上女王鹿角蕨的販售，通常都是4吋以上的盆植方式販售，初期我們建議從小一點的4吋盆練習上板，因為重量較輕，易於脫盆及綑綁。再來挑選時，由於繁殖場都以盆植方式種植居多，營養葉包覆在底下塑膠盆葉片上容易積水，盡量選擇葉片上較無大片黑色水傷植株來施作。

板材
BOARD
挑選

松木板
可依需求請店家裁切尺寸
厚度有2cm較耐用

由於女王鹿角蕨屬於大型鹿角蕨，所以在板材的選擇上，建議挑選較大尺寸的松木板來施作，也因為植株個體較大，大多都會掛在室外為主，板材厚度挑選較厚的，避免因為日曬或是雨淋使得板材裂化速度太快。此次示範使用4吋盆女王鹿角蕨，板材則挑選了15×30公分，厚度2公分的松木板來操作。

材料準備	●女王鹿角蕨1株 ●水苔適量 ●松木板1塊 ●2.5mm鋁線 ●0.3mm釣魚線 ●鑽洞工具

■因為成長後期植株較大，故選擇較粗2.5mm鋁線吊掛，及0.3mm釣魚線做綑綁使用。

<table>
<tr><td>1</td><td>**鑽洞** —— 在松木板上方，鑽出 2.5mm 孔洞備用。</td></tr>
</table>

4 **包覆水苔** —— 將女王鹿角蕨放置於松木板上，底下根部包覆水苔，盡可能讓水苔外觀能夠圓潤，讓往後營養葉包覆後會較美觀。

2 **脫盆** —— 將女王鹿角蕨脫盆。

5 **纏繞線材** —— 利用0.3mm釣魚線綑綁下部水苔，一直到水苔固定，板子直立水苔不會掉落為止，再打結後將多餘的線材塞入水苔之中。

3 小心將盆中原有介質中，除了蛇木或是水苔以外的東西通通去除，並留意不要傷到鹿角蕨根系部位。

6 **製作掛勾** —— 使用2.5mm鋁線做出吊掛勾，穿入木板孔位中固定即完成。

女王鹿角蕨

學名
Platycerium wandae Racib.

生長適溫
15-30°C

光線需求
半日照、散射光

濕度需求
🌢🌢🌢🌢🌢

女王鹿角蕨，在十八種原生鹿角蕨裡，歸類在較大型的種類之一，在幼株時期要辨識女王鹿角蕨可以觀察芽點，靠近芽點中心的營養葉葉緣會呈現鋸齒狀，而營養葉長大後則高聳直立，頂部會像皇冠一樣，有著美麗彎曲的波浪，最大能長到兩公尺寬。

由於價位便宜，成長速度快（尤其是夏季生長期），在花卉市場的鹿角蕨中，和普通鹿角蕨並列成長快速前段班，對於想要種植有明顯成就感的鹿友，普通鹿角蕨和女王鹿角蕨都是相當適合的品種。

使用龜甲網木框來幫女王鹿角蕨上板。下方水苔包成倒錐形相當美觀。

。**照顧技巧。** 適合栽培於室外陽光不直曬的牆面上，或是室內通風半日照的窗邊。以手觸摸底部水苔，確定乾燥後，將整板植株拿去水龍頭下方淋濕，也確保裡面水苔完全潮溼，待滴水完成後，再吊掛回原處。

女王鹿角蕨 × 竹籃

女王鹿角蕨為18種鹿角蕨中高大的品種之一，
生長速度最快，植株最大可以長達2公尺，
容易成形巨大植株的女王鹿角蕨，這次嘗試搭配圓型竹籃，
打造顛覆性、令人驚艷的視覺效果！

40

鹿角蕨

植物 PLANT 挑選

女王鹿角蕨

建議在上板女王鹿角蕨前，先確定之後要種植的環境是否夠大，預留植物未來成長所需空間。再來挑選葉片較無水傷及本體無軟化或過度乾枯的植栽。因為這次上板材料為中大型竹籃，盡可能挑選較大體積的女王鹿角蕨來搭配。

板材 BOARD 挑選

竹籃
竹籃韌性強而耐用
大型鹿角蕨適用

竹籃是老祖先的一項優異發明，利用天然竹子所編織而成，竹片韌性強，不怕潮溼與短時間就分解，加上取得容易、價錢便宜，尺寸選擇也多，相當適合上板使用。
本次示範的女王鹿角蕨為4吋盆，但植株本體相當大的女王鹿角蕨，在竹籃的挑選上，我們選用了直徑約為60公分的產品來施作上板。

材料準備	●女王鹿角蕨1株 ●竹籃1個 ●水苔適量 ●2.5mm鋁線 ●0.2mm釣魚線

■綑綁線材建議使用0.2mm釣魚線，因為竹籃竹片間隙微小，利用釣魚線比較好穿洞綑綁。

STEP BY STEP

① **脫盆**——將女王鹿角蕨脫盆。

② **脫盆**——將女王鹿角蕨去除掉除了水苔以外的介質。

③ **包覆水苔**——將女王鹿角蕨放入竹籃中央，用事先已浸濕的水苔包覆住鹿角蕨的根，盡可能的將水苔形狀包覆成圓形。

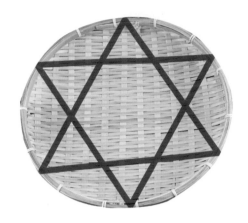

④ **纏繞線材**——將釣魚線依照星形的方式纏繞綑綁水苔，務必讓水苔扎實不鬆落，然後打結收尾。

⑤ **製作掛勾**——在竹籃上方利用鋁線直接穿過網孔，做出掛勾即完成。

圖片提供／姚佳興

1

象耳鹿角蕨

P. elephantotis
顧名思義葉片會長出
大如象耳的鹿角蕨，
營養葉和孢子葉呈扇
形或是長橢圓型，且
都不會分岔。成株屬
於大型品種，怕悶熱
不通風環境及畏懼寒
冷，市場價格偏高。

前方兩株是象耳鹿角
蕨，懸空吊著，與後方
植栽拉出前後立體層次。

2

銀鹿鹿角蕨

P. veitchii

來自澳洲的銀鹿鹿角蕨，葉面上有著銀白色纖
毛，是因為乾燥加強光環境，需要有濃密的白毛
幫助抓取空氣中的水分，也可避免強光的傷害。
小苗不怕多給水，成株耐旱可露養的特性，相當
適合初學者種植。

背後是使用鐵網＋杉木板，散發工業風。

🌿 🌿 🌿 🌿

3

爪哇鹿角蕨

P. willinckii
原產地爪哇，有著像似
飄逸長髮的孢子葉，葉
長可達近2公尺，佈滿
銀色短柔毛，又稱爲長
葉鹿角蕨。近幾年繁殖
數量相當多，它是多芽
型鹿角蕨，非常會生寶
寶，如不分株，可以長
成超大鹿球。

4

三角象鹿角蕨

P. elemaria
承襲象耳的特色，孢子葉左右各一片，寬大下垂有如象耳。它與原種象耳的差別在於三角象葉子上的白毛較多，葉脈隆起程度則介於三角和象耳之間。三角象屬於生長快速的品種。

5

巨獸鹿角蕨

P. grande
原產地菲律賓、馬來西亞，僅能以孢子繁殖。巨獸鹿角蕨和女王鹿角蕨外觀非常相似，巨獸葉片上纖毛較多，葉子也較硬挺，成長速度緩慢，屬於大型品種，市場價格中低。

6

何其美鹿角蕨

P. holttumii
被喻為最美鹿角蕨，營養葉孢子葉成長比例最好，葉片厚實，屬於中大型鹿角蕨品種，成長速度緩慢，市場價格中等。

7

立葉銀鹿交爪哇

P. pewchan

此交異品種有著立葉銀鹿葉片上
銀白色美麗的纖毛外，也承襲了
爪哇鹿角蕨飄逸的長孢子葉，是
近年來市場上稀少但卻很吸引人
的一個品種，市場上價格較高。

8

女王鹿角蕨

P. wandae

原產地於新幾內亞北部，僅能以
孢子繁殖。在鹿角蕨種類中，屬
於大型品種，初期先長出營養
葉，成株後才慢慢長出孢子葉，
葉片偏軟，成長速度快。

Pteridophyta

蕨 類 植 物

蕨 類 介 紹

蕨類植物最大的特徵是不會開花,透過孢子繁殖,分布於中低海拔的熱帶亞熱帶地區。台灣是全世界蕨類最多的地方,溫暖又潮溼的環境,非常適合蕨類植物的生長,而在學術的研究中,也證明了許多蕨類對於淨化空氣有相當程度的效果。耐陰且耐濕的特性,適合將上板後的蕨類植物放置在屋內做綠美化,只要給予適度的水分,就能夠安然的生長了。

蕨 類 上 板

REASON 1

生長具垂墜特性,特別適合以吊盆或上板方式栽培。

——

REASON 2

喜好的生長溫度與一般室內環境相仿,適合用於居家綠美化。

鐵線蕨 × 樹皮

宛如心型飄逸的鐵線蕨葉，纖細莖脈迎風晃動，
窩身在彎彎的樹皮中，有如搭著強壯的肩膀，強烈的對比
卻有著美麗的板植畫面。駐足欣賞久久無法離開。

LET'S DO IT!

植物
PLANT
挑選

鐵線蕨

鐵線蕨盆栽有3吋、5吋、7吋不同尺寸，製作小品植掛，以挑選3吋盆為主。應挑選莖葉茂密、葉色濃綠的植株，並觀察底下介質是否為潮溼狀態，勿挑選介質已經非常乾燥或已脫盆的植株，通常這樣的植株根系已有缺水疑慮，可能比較不健康了。

板材
BOARD
挑選

樹皮
厚重比較耐用
裂痕少為佳

選擇樹皮搭配鐵線蕨時，我們會挑選較厚來使用，因為鐵線蕨的照顧是需要大量的濕度，挑選厚度1公分或更厚的樹皮，防止短時間樹皮受潮分解，可以拉長日後使用的時間。

此外，建議挑選裂痕較少、重量較沉的樹皮，質地較硬，不容易因打洞而損壞破裂。樹皮高度可以選擇20公分以上的，在日後鐵線蕨生長成株後，比例較為協調。

材料準備

● 鐵線蕨1株
● 樹皮1個
● 水苔適量
● 咖啡色麻繩
● 2.0mm 鋁線
● 剪刀1把
● 鑷子1支
● 鑽洞工具

■ 使用2.0mm鋁線，因為鐵線蕨的重量較輕，使用線徑細的鋁線較易施工及塑型。
■ 麻繩顏色接近樹皮及水苔，綑綁效果自然。

STEP BY STEP

1 　**鑽洞**——首先在樹皮上鑽出一個約莫2.0mm的孔洞。

2 　**脫盆**——將鐵線蕨脫盆，在脫盆時檢查底下介質，是否有空隙或是介質乾硬的現象，如果有，可用培養土將其塞滿或是替換。

3 　**包覆水苔**——介質外層包覆潮溼水苔並整型至圓形後，用麻繩綑綁至水苔不會掉落為止。

4 　**綑綁至樹皮**——將綑綁好的水苔置入樹皮中，繼續纏繞綑綁至固定為止。

5 　**打結收尾**——多餘線頭打結後，利用鑷子塞入水苔中隱藏。

6 　**製作掛勾**——鋁線穿入先前鑽樹皮的小洞，做出掛勾即完成。

鐵線蕨

學名
Adiantum
生長適溫
15-30˚C
光線需求
半日照、散射光
濕度需求
💧💧💧💧💧

原產於北美、東亞，株型柔軟，葉片細緻，擁有墨黑的纖細葉軸，種名*apillus-veneris*，有「維納斯的頭髮」之意。根莖匍匐，黑褐色葉柄長約5～25公分，韌性十足；葉為羽狀複葉，長約12～25公分，自然彎垂；孢子囊群著生於葉緣，著生後葉緣會反捲以保護孢子囊群。在潮濕岩壁的隙縫中也經常可見野生的鐵線蕨葉，其莖堅硬帶有光澤，像極了鐵線或是少女的髮絲，故被稱為鐵線蕨。而鐵線蕨的葉片形狀，以及迎風飄逸的姿態相當漂亮，所以一直都有廣大植友喜愛著。

溼度高的岩壁、石縫常可見到自然生長的鐵線蕨。

花市常可見到3吋、5吋大小盆栽，購買容易。

鐵線蕨使用松木板上板。

。照顧技巧。
植株可置於室內偏光的環境，但必須保持高濕的狀態，葉子也要經常噴水，避免介質或是葉面過於乾燥，容易讓鐵線蕨因乾燥卷縮而虛弱。

兔腳蕨 × 松木棧板

兔腳蕨萌樣可愛的走莖，恣意奔放的成長方式，
搭配著相似空白畫布的松木板，任憑走莖自然蔓爬，
慢慢的等待欣賞那最後成型逗趣的一幅自然畫作

植物 PLANT 挑選

兔腳蕨

市場上兔腳蕨販售的形態相當多，從小至大盆的型態都有，也有部分是已經依附在可以攀附的物體上面，但取下不易，價錢也高，我們會建議從3吋的平價小盆開始練習施作。兔腳蕨乾燥時容易造成葉脈斷裂，挑選植栽時，先晃動植栽，看是否會有掉落的情況，再來用手去摸底下介質，確定挑選到的植株介質都有保持在潮濕的狀態，植株會比較健康。

板材 BOARD 挑選

松木棧板

長條型較搭配

由於兔腳蕨喜歡高濕環境，因此在上板背板的選擇上，我們建議可以採用棧板松木。此類的板材使用壽命較長，取得簡單，也不會太過於通風導致介質乾燥的太快，外加大部分的松木棧板都是長條型為主，兔腳蕨的生長左右發莖較慢，向上生長的葉脈較快，長條型的木板是相當適合的。3吋小盆的鐵線蕨，選用大概10×25公分左右，厚度1.5公分的松木棧板即可。

材料準備

- 兔腳蕨1株
- 松木板1塊
- 水苔適量
- 0.2mm釣魚線
- 2.5mm鋁線
- 鑷子1支
- 剪刀1把
- 鑽孔工具

■使用的0.2mm釣魚線綑綁，因為介質長時間保溼，釣魚線比較不怕水解。

■完成品不重，使用2.5mm鋁線已經足夠支撐，也便於彎折塑型。

① **鑽孔** —— 先在木板上方鑽出一孔，孔徑可以和鋁線一樣 2.5mm 或是稍大一些亦可。

② **脫盆** —— 將兔腳蕨從盆器中取出，盡可能的保留盆中介質。但如果有空洞的地方，也可另外用培養土或是其他介質補足。

③ **包覆水苔** —— 將水苔浸濕後包裹於介質外層，包覆以不露出介質為前提，盡可能的將水苔形狀包覆成圓形，在下一步驟時比較好纏繞。

④ **纏繞線材** —— 使用釣魚線將水苔纏繞，一直到水苔固定不會掉落為止，纏繞完畢不要把線剪斷。

⑤ **上板固定** —— 將木板置於水苔後方繼續纏繞至固定，預留約 5 公分線再剪斷。

⑥ **打結收尾** —— 利用鑷子將預留的線打結固定。打結後多餘線頭塞入水苔中即完成。

蕨類植物

兔腳蕨

學名
Davallia
生長適溫
15-30°C
光線需求
半日照、散射光
濕度需求
🫗🫗🫗🫗🫗

兔腳蕨是附生性蕨類，又叫骨碎補，在中國、台灣、日本、韓國等亞熱帶有相當多自然生長的數量。原生環境中，兔腳蕨會利用其走莖攀附在樹幹或是石頭上，向外蔓延，相當具有觀賞價值，而走莖上會長出毛絨絨的銀白纖毛，像極了兔子可愛的腳，故名為兔腳蕨。由於兔腳蕨不需要太多的直射光，也不需要重肥，相當適合室內環境，於是被開發成室內觀葉植物。

使用木框上板吊掛。

兔腳蕨向外蔓延的走莖十分搶眼，也很適合
以吊盆方式觀賞。

。照顧技巧。
兔腳蕨需要高濕度的環境，比較不容易有焦葉或是斷葉脈的情況產生，放置地點避免陽光直晒及過度通風的場合，除介質與水苔需保持潮濕外，葉面上保持少量多次澆水的方式，每天最少一次。

CASE
3

波士頓蕨 × 樹皮

波士頓蕨青翠葉色表現出蓊鬱綠意，帶來一陣特殊的清爽感，
放射狀的葉型，加上胖胖的水苔包覆，
像極了代表旺氣的鳳梨，可愛的懸掛在牆上。

植物 PLANT 挑選

波士頓蕨

這兩年霧霾相當的嚴重，有淨化空氣功能的波士頓蕨越來越受到重視。由於波士頓蕨有大小不同類型，大型波士頓蕨可以長到相當的大，成株葉長可超過九十公分，如果種植的空間不是很寬闊，建議可以選擇迷你波士頓蕨來施作。挑選搖晃不會掉葉，底下介質潮濕的植株，會比較健壯喔。

板材 BOARD 挑選

樹皮
厚重比較耐用
裂痕少為佳

如果是較小的植栽，樹皮長度約25公分即適合。如為大型品種，就會建議樹皮寬度最少要大過於植株寬度，高度則超過30公分。挑選稍有厚度的，較能抵擋短時間樹皮受潮分解，可以拉長日後使用的時間。

材料準備	● 波士頓蕨1株 ● 樹皮1塊 ● 水苔適量 ● 0.2mm釣魚線 ● 2.0mm鋁線 ● 鑽洞工具

■ 使用的0.2mm釣魚線綑綁，因為介質長時間保溼，釣魚線比較不怕水解。
■ 完成品不重，使用2.0mm鋁線已經足夠支撐，也便於彎折塑型。

山蘇 × 松木板

常見於桌上的佳餚山蘇，
在森林中常附生於樹幹、岩壁的蕨類，
屬大型蕨類植物。選擇小苗包裹水苔固定在松木板，
也讓視覺上得到了驚奇的饗宴！

植物 PLANT 挑選

山蘇

挑選花市販售的山蘇盆栽，首先觀察中間是否已經有像似小眼鏡蛇的小嫩芽，選嫩芽越多的越好，因為代表植株生命力旺盛。其次檢查大葉，山蘇大葉邊緣較薄，如果積水又曬太陽，容易造成水傷，挑選葉型完整、水傷少的植株來施作，美麗更加分！

板材 BOARD 挑選

松木板
搭配植物選擇薄板
無裂痕為佳

山蘇喜濕，較不適合透風透濕的蛇木板類板材，建議使用較不通風的材料，例如松木板就是很棒的選擇。山蘇本身不重，板材厚度只需要約1.5公分就足夠，而3吋盆的山蘇搭配10×25公分的松木板就會相當美觀。

材料準備	
	●山蘇1株
	●松木板1片
	●水苔適量
	●0.2mm釣魚線
	●2mm鋁線
	●鑽洞工具

CASE
6

小垂枝馬尾杉 × 煮麵杓＋松木板

垂逸的馬尾杉和廚房常見的煮麵瀝水杓，
巧妙也跳TONE的結合在一起，讓人驚訝，
極富喜感的外觀，不論吊掛在哪個位置，
都能讓人發出會心一笑！

蕨類植物

馬尾杉

目前花卉市場中，馬尾杉算是較少出現的一種植物，需要花點心思去尋找。而挑選方式，捨棄掉山採不一定容易馴化的植株，盡量尋找人工培養繁殖的較不容易失去信心。選購時檢查盆底介質，如果是水苔或是乾淨土壤，大多都是人工培養容易種植的，挑選葉片走莖無明顯乾枯，葉片肥厚健康的來動手施作。

板材
BOARD
挑選

煮麵杓＋松木板
搭配植物選擇薄板
無裂痕為佳

考量小垂枝馬尾杉喜歡散光通風的環境，使用煮麵瀝水杓，取其四面通風的特性，再加上其白鐵材質還可防鏽。也因馬尾杉成株生長慢，瀝水杓選擇尺寸較小即可。

考慮到吊掛的方便性，故在煮麵瀝水杓後方，使用松木板來加以固定以方便其吊掛，也可隔離水氣避免牆面日久沾污，但松木板大小必須大於瀝水杓的尺寸。

材料準備

- ●小垂枝馬尾杉
- ●煮麵瀝水杓1把
- ●松木板1片
- ●水苔適量
- ●0.2mm釣魚線
- ●3mm鋁線
- ●鑽洞工具

(1) **鑽孔** —— 將瀝水杓放置在松木板上，在把手孔洞的位置鑽入固定孔位。

(3) **固定煮麵杓** —— 利用鋁線固定把手與松木板。

(2) 把手下緣也一樣鑽入固定孔位。

(4) 把手下緣一樣使用鋁線加以固定在松木板上。

馬尾杉 ⋯⋯⋯⋯⋯⋯⋯⋯⋯⋯⋯⋯⋯⋯⋯⋯⋯⋯⋯⋯⋯⋯⋯⋯

學名
*Phlegmariurus
phlegmaria*
生長適溫
15-30°C
光線需求
半日照、散射光
濕度需求
💧💧💧

馬尾杉，也被稱做石松，屬於蕨類植物。和我們一般人印象中葉型蕨類植物有所不一樣，馬尾杉有著流蘇狀垂墜的走莖，近年來相當受大家歡迎。而我們此次使用的小垂枝馬尾杉，在台灣南部低海拔的地方有野生的植株，但因為過度採集，現在大面積野生的小垂枝馬尾杉相當稀少，反而人工培育的數量相當多。人工培育的品種，不管是外觀、價位、以及栽種難易度，都比野生採集的還要來的簡單親民。

⑤ **填充水苔** —— 放入水苔於瀝水杓中，大概放置到3/4的位置。

⑥ **栽種植物** —— 小心將小垂枝馬尾杉放置水苔上。

⑦ 將小垂枝馬尾杉上部蓋滿水苔。

⑧ **纏繞線材** —— 使用0.2mm釣魚線，將瀝水杓上部綑綁，但不需要太過於纏繞，只要水苔不會掉落出來即可。

小垂枝馬尾杉走莖可長達五十公分，環境優異的地方，甚至可以長更長，加上它短小的營養葉和孢子葉的包覆，呈現出毛茸茸的姿態，像極了馬的尾巴，非常可愛。若家中有散光的環境或是挑高的空間，都非常適合以馬尾杉作爲上板植物來種植。其走莖會日益漸長，吊掛位置高些更可欣賞優美的線條。小垂枝馬尾杉的環境乾濕要分明，以水苔沒乾即水不澆爲原則，不要讓植株長期處於很潮溼的狀態，這點和大多數的蕨類是比較不一樣的喔！

馬尾杉種類頗多，莖有直立、多分枝、平臥或者匍匐多種樣貌，葉片呈針狀或鱗狀，濃密地覆蓋住莖和支幹，頗具觀賞價值。

1

槲蕨
Aglaomorpha fortunei

槲蕨是台灣原生種著生蕨，橫走的根莖有著比兔腳蕨更毛茸茸的褐色鱗片毛。他的生長方式特殊，夏天或是水分較少的時期，只會留下橫走根莖上的腐植質收集葉。腐植收集葉初長的時候會有短暫的綠色，之後褪色為乾枯的褐色葉。雖說葉子變成乾枯的模樣，但葉子完整不容易破損，有別於一般枯葉脆弱的質地，相當的漂亮。

1

2

鈕扣蕨
Pellaea rotundifolia

呈匍匐蔓性生長，莖可長達10～20公分。葉片光滑富光澤，形狀與大小就像是成排的鈕扣，所以得此名稱。鈕扣蕨葉片茂盛，對光和肥需求不強，最重要的是澆水，尤其夏季氣溫高需特別注意充分給水，屬於蕨類中強健的種類，適合入門者栽培。

2

3

海岸擬茀蕨
Microsorium

常見於東部和南部的沿海石礫地或近山區岩石、山溝，屬於著生性蕨類，根莖木質化且呈現匍匐狀，從單葉到羽狀裂葉皆有，葉片青翠油綠，植株乾淨，莖、葉與孢子囊都有可看性。耐旱性佳，適合栽培於半日照至有遮蔭的環境。

3

4

鳳尾蕨
Pteris

原產於熱帶亞洲,種類繁多。野生的鳳尾蕨在牆腳、溪畔、水溝旁處處可見。觀賞性的鳳尾蕨經過園藝改良培育,選出葉片有斑紋、葉型奇特的種類,如:銀脈鳳尾蕨、鹿角鳳尾蕨、白玉鳳尾蕨…等。鳳尾蕨耐陰性強,受強烈日照葉片會黃化,好濕不耐旱,新芽應避免受強風吹拂而讓枝葉摩擦受損。

4

4

5

卷柏
Selaginella

　體積嬌小玲瓏,葉片細緻可愛,令人愛不釋手。對環境較為敏感,需明亮光照,但不可受陽光直射,澆水應避免澆到葉片上,否則容易發霉腐爛。耐旱力極強,即使遇到長期乾旱的情形,只要將根系在水中稍作浸泡就能舒展重生。

5

Tillandsia

空氣鳳梨

空氣鳳梨介紹

空氣鳳梨是鐵蘭屬植物的通稱，又稱氣生鳳梨、鐵蘭花，屬於鳳梨科植物，和我們吃的鳳梨是親戚。大多數的空氣鳳梨是不需要種植在土中，養分由葉片上的纖毛吸收，也因不用種植在土壤，比較不會招引蚊蟲，這幾年在世界各國造成一股風潮。在上板植栽中，空氣鳳梨是非常好運用也易照顧的一個種類。

空氣鳳梨上板

REASON 1

同於它著生型植物原生的特性，依附在其他植物或是物件上生長。

——

REASON 2

植物本身造型奇趣，吊掛欣賞讓人過目不忘，也使其不易積水致傷。

73

霸王空氣鳳梨 × 砧板

霸王空氣鳳梨是中大型的厚葉品種，
因其葉片的型態，也被稱爲『法官頭』。
砧板上婀娜多姿的霸王空氣鳳梨，
就像是一道美味的佳餚，等待著讓人細細的品嚐。

　　　　　　　　　　　　　　　　　　　　空氣鳳梨

霸王空氣鳳梨在市場上相當常見，植株從小到大應有盡有，但上板使用的植株，建議不需要太大顆，大概葉長小於30公分內的比較容易施作。挑選植株也盡量找尋進口時間較長的個體，馴化較容易。再來挑大小相近的植株，選擇裡面最重的，通常最有份量的都會是最強壯的個體。由於空氣鳳梨長根及札根的速度相當慢，上板初期需要綑綁葉片，會建議找植株葉片較厚長的來操作較不易失誤。

板材
BOARD
挑選

砧板
以挑選木質為主

砧板的材質通常都比較厚實，不容易損壞，但因為重量較重，在吊掛時擔心會有吊勾支撐不住的問題，所以在選擇上板時，我們大多挑選切蔬菜輕食類用的砧板，重量較輕外，價位也便宜。材質則建議盡量使用木頭製的，除了較易吸濕外，也較利於空氣鳳梨扎根。

此次植株約為直徑30公分大小，我們挑選的是大約30公分，厚度約為1.5公分的松木砧板，來做示範。

材料準備	●霸王空氣鳳梨1株 ●砧板1片 ●鑽孔工具 ●0.2mm釣魚線 ●黑筆一支、尺一把

■由於空氣鳳梨發根速度慢，我們挑選0.2mm的透明釣魚線來綑綁比較耐用。不吸水的特性也可避免線材潮濕而讓空鳳葉片濕爛。

球拍空氣鳳梨 × 松木板

原產於厄瓜多雨林，春、秋季開出大型的扁平狀花序，
球拍空氣鳳梨，放在簡單的松木板上相當得宜，
因為沒有人能夠搶的走他霸氣巨大花序苞片的光彩！

植物
PLANT
挑選

球拍空氣鳳梨

球拍空氣鳳梨比一般空氣鳳梨其他品種較大，在市場上不難發現蹤跡，選擇時挑選較大，葉片較多的植株。由於球拍花期相當長，苞片的色彩可維持數月之久，如遇到有花序的植株更好。

板材
BOARD
挑選

松木板
搭空鳳薄板即可

由於空氣鳳梨可以不用依附介質生長，在松木板的挑選就不需要過大。此次示範中，考慮到以後球拍空氣鳳梨成株後的大小，所以我們挑選了14×25公分，厚度1.5公分的木板來使用，也可以讓作品感覺較為靈活輕巧。

材料準備
- ●球拍空氣鳳梨2株
- ●松木板1片
- ●2.5mm鋁線
- ●鑽孔工具

■由於空氣鳳梨重量相當輕，但是發根速度相當慢，我們使用2.5mm鋁線來固定空鳳，也用來吊掛板材。

空氣鳳梨小精靈 × 沈木

木頭有吸濕作用，也因微濕可誘發空氣鳳梨發根，

不會再有任何東西，像空氣鳳梨和木頭一樣合拍！

品種眾多的小精靈，也增添了栽培玩賞與蒐集的樂趣。

植物
PLANT
挑選

空氣鳳梨小精靈

小精靈是市場上最多最普遍的空氣鳳梨品種，在挑選的時候有一個重點，盡可能找尋有根的植栽，日後較容易扎根穩固。還有，選擇當中最大顆的小精靈，通常最為健壯好照顧，不容易出問題。

板材
BOARD
挑選

小沈木
厚實質重使用期長
水族沉木耐用

捨棄重量輕或是質地鬆散的材料，找尋較厚實的施作，避免長時間空氣鳳梨扎根後，又馬上遇到必須更換損壞板材的困擾。這次選用的是在水族館內常見的水族沉木，質地硬、壽命長，也較不怕水。

材料準備	●空氣鳳梨小精靈1株 ●沉木1塊 ●0.2mm釣魚線 ●2mm鋁線 ●鑽洞工具

■小精靈重量相當輕，綑綁時我們選用0.2mm細釣魚線即可。
■整組完成品重量不會太重，在製作吊掛勾時所用的鋁線，以易塑型的2mm粗細就已足夠。

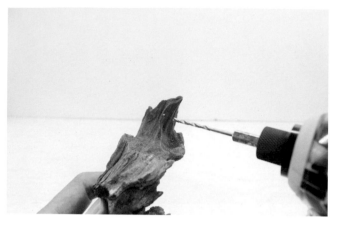

1 **鑽洞**——在沉木上部適當位置鑽入2.0mm小孔備用。

2 **綑綁固定**——使用0.2mm釣魚線，小心綑綁空氣鳳梨小精靈末端的葉片及根鬚部分，確定不會掉落。

3 **製作掛勾**——取用2.0mm鋁線，穿過所鑽的孔內做出掛勾即完成。

空氣鳳梨小精靈 ·····································

學名
Tillandsia
ionantha
生長適溫
15-30°C
光線需求
半日照、散射光
濕度需求

空氣鳳梨—小精靈，是引進亞洲地區最久的品種。適應力強，很耐旱，葉片呈放射型態生長，顏色變化大。在適合開花的季節，葉片轉換成鮮豔的婚姻色，其開花又是相當的令人驚艷。小精靈又細分成不同的品種，有收集不完的樂趣，加上取得最容易，價錢非常實惠，這些都是小精靈常年吸引眾人喜歡的原因。也因為這樣，小精靈是筆者推薦大家上板空氣鳳梨最首選的品種。

開花之前葉片開始轉色。

圓木小木板也很適合做為空氣鳳梨上板的背板，效果非常可愛。挑選木板時，建議厚度不要小於1公分，避免側面鑽洞時木材破裂。

。照顧技巧。
小精靈已經相當馴化適合人工種植，放置於偏光、通風不悶熱的環境即可生長良好。由於小精靈葉片上纖毛較多，水分散發快，澆水頻率可比一般空氣鳳梨高一些，一週2～3次，確定葉片都有打溼之後輕甩，確定中心沒有積水。

休士頓空氣鳳梨 × 松木板

休士頓空氣鳳梨，搭配上簡簡單單的松木板，
置於室內，更容易去欣賞到花期相當長的美麗花朵，
看著看著心情也會無比開心！

空氣鳳梨休士頓

休士頓空氣鳳梨常在春秋兩季、日夜溫差較大的時期開花,如果想要欣賞桃紅色與粉紫色美麗的花朵,挑選時找尋剛冒花苞的植株,欣賞的時間將可以拉長許多,也盡可能的選擇葉型較大,且葉片厚實健康的植株來施予製作。

松木板

搭空鳳薄板即可

由於空氣鳳梨可以不用依附介質生長,在松木板的挑選就不需要過大。此次示範中,考慮到休士頓空氣鳳梨的大小,所以我們挑選了 14×25 公分,厚度 1.5 公分的木板來使用。

材料準備	●休士頓空氣鳳梨 2 株 ●松木板 1 片 ●2.5mm 鋁線 ●鑽洞工具 ●老虎鉗

■由於休士頓空氣鳳梨重量相當輕,但是發根速度相當慢,我們使用 2.5mm 鋁線來固定空鳳,也用來吊掛板材。

① **鑽洞** —— 於木板上方鑽出2.5mm 小洞備用。

④ **製作底座** —— 利用鉗子將2.5mm 鋁線彎出螺旋小圈圈後截短。

② **定位** —— 先將休士頓空氣鳳梨放置 木板上，找出大概放置位置，確定 鑽孔位置。

⑤ **固定植株** —— 將休士頓空氣鳳梨固 定在螺旋狀鋁線底座中。

③ **鑽洞** —— 在板材確定位置鑽上兩個 2.5mm 小孔備用。

⑥ **植株上板** —— 將預留的鋁線穿過步 驟3所鑽的孔洞中。

(7) 利用鉗子將鋁線底座固定在板子上不會搖動。

(8) **製座掛勾** —— 使用鋁線做出吊掛勾，穿入木板上方步驟1所鑽的孔洞中即完成。

休士頓空氣鳳梨

學名
Tillandsia
'Houston'

生長適溫
15-30°C

光線需求
半日照、散射光

濕度需求

空氣鳳梨休士頓，也是市場上常見的一種空氣鳳梨，為多國花和 *T. recurvifolia* 交異出來，外觀與棉花糖相似，但株型和花序都更加大型，葉片表面密覆銀白色毛狀體，植株相當健壯，價錢也極易入手，只要給予通風不用陽光直曬的環境就能長的很好。花色顏色鮮豔且花型大，也容易叢生分株，是相當推薦空氣鳳梨入門選擇的品種。

若在光線下照耀，葉片會有如鍍銀一般熠熠生輝。

。**照顧技巧**。
休士頓空氣鳳梨的種植置放環境，偏光或是半日曬的空間即可，通風為最大的要求，一星期澆水2次左右，依照環境去調整次數，但切勿讓植株葉心積水。外加休士頓花期相當長，可以有一兩個月欣賞美麗花朵的時間。花謝後，可提早將花梗剪去，避免養分一直流失。

idea **1**

造形容器

利用造型容器吊掛，內置一株，並搭配垂墜型的
松蘿空氣鳳梨。

idea **2**

繩結編網

利用麻繩、棉繩編織成可吊掛的繩網，再將空氣
鳳梨固定上去。

idea 3

多層吊籃

空氣鳳梨喜好
通風,因此也可
以不要上板子,
直接放在吊籃中
也頗為吸睛。

idea 4

造型鐵籠

直接將多株空氣鳳梨固定在籠子的網格上
面,可多面欣賞。

idea 5

原木擺飾

除了掛在牆面,也可製作成桌面擺件,利用漂流
木、木頭段都很搭配。

風格上板設計實作

大天宮石斛蘭 × 松木板

花朵有如瀑布一樣垂墜向下延伸綻放，
沒有任何一個植物比他更適合上板欣賞了！
只需一個松木板，用最省心的方式照顧，就已足夠，
再來的就是期待他花期的到來，接受眾人讚嘆的歡呼。

蘭花植物

大天宮石斛蘭

市場上所販售的大天宮石斛蘭大多是以1、2吋小盆的樣式販售著，挑選盆內除了水苔外，沒有其他介質的較易施作，也盡可能的選擇較長且發根多的大天宮石斛蘭，日後攀根及成長會比較快速。

松木板
挑選厚而紮實的板

由於大天宮石斛蘭攀根面積較大，開花時會有一長串的花垂吊，為了避免短時間就需要換板的困擾，一開始我們就建議使用較厚而紮實的板材來使用。此次上板放置4株大天宮石斛蘭，我們選用的為尺寸10×25公分，厚度超過1.5公分的松木板。

材料準備

- ●大天宮石斛蘭4株
- ●松木板1片
- ●水苔適量
- ●棉麻線
- ●鑽孔工具
- ●2.5mm鋁線

■由於大天宮石斛蘭發根速度慢，要很長的時間才能著根於木板上，基於美觀問題，我們使用棉麻線來綑綁，其顏色近於水苔，比較不突兀。

西蕾麗蝴蝶蘭 × 樹皮

樹皮上的西蕾麗蝴蝶蘭，不僅僅是開花的時候漂亮，
單純只有葉子的時候，正反兩面的顏色和花紋，
也足以讓人們欣賞許久。

LET'S DO IT!

植物挑選 **PLANT**

西蕾麗蝴蝶蘭

市場中西蕾麗蝴蝶蘭大小相當多可選擇，在上板的施作上，我們一般挑選4～5吋盆大小的植栽來使用。選擇葉片厚實且同盆器尺寸中植栽最重的優先，代表根系越發達健壯，日後開花或是上板攀根速度都會較快速一些。

板材挑選 **BOARD**

樹皮
挑選厚重紮實

西蕾麗蝴蝶蘭葉子較其他蘭花類植物發達，葉子偏重，建議上較厚實的板材。此次我們使用樹皮來施作，挑選拿起來厚重，輕敲木頭紮實的優先，範例中使用的樹皮尺寸約為10×25公分左右。

材料準備	●西蕾麗蝴蝶蘭1株 ●樹皮1塊 ●水苔適量 ●棉麻線 ●鑽洞工具

■西蕾麗蝴蝶蘭發根抓板的速度較慢，綑綁線材必須一段時間才能剪除，所以我們建議使用顏色近似水苔的棉麻線綑綁固定。

1 **鑽洞** —— 在樹皮上鑽出2.5mm小孔備用。

2 **脫盆** —— 輕輕擠壓盆栽,將西蕾麗蝴蝶蘭脫盆。

3 **包覆水苔** —— 使用濕水苔包覆底層根部,盡可能初期不讓根系外露。

4 **定位** —— 將包覆好的西蕾麗蝴蝶蘭放置樹皮上,確定要固定的位置。

5 **綑綁線材** —— 使用棉麻線將水苔部分綑綁固定。

6 **完成** —— 確定水苔已牢固不會鬆脫,在背後打結即完成。

西蕾麗蝴蝶蘭

學名
Phalaenopsis schilleriana

生長適溫
15-30°C

光線需求
半日照、散射光

濕度需求
💧💧💧

西蕾麗蝴蝶蘭為中大型蝴蝶蘭，葉型成橢圓墨綠色，葉背常有不規則型的橫紋，亦有銀色明顯斑紋，所以也被稱為虎斑蝴蝶蘭。由於容易開花，花序長達五六十公分，部分植株開花可開到上百朵，且帶有香味，不怕熱也不怕冷，是市場上流通相當大，也多人栽植的一個蝴蝶蘭品種。

不開花時，葉片也具有觀賞價值。

。照顧技巧。

冷熱忍受度相當大的西蕾麗蝴蝶蘭，避免上板後掛置在陽光直射位置，其餘對於環境的容許度相當大，長時間保持水苔潮溼。另外在春末夏初花季來臨之前，可在水苔上施予一些肥料，開花的數量會增加，香味也更濃郁。

　　臺灣不愧是蘭花王國，在花市中隨時都可以發現一些新的品種可以讓我們上板使用，譬如圖2、3俗稱的芒果蝴蝶蘭和紫蝶蝴蝶蘭，簡簡單單的上了松木板及樹皮，就能讓人有耳目一新的感覺。

idea **1**

idea **2**

。上板秘訣。

脫盆之後，是否需要換掉原本介質再上板？通常我們會先檢查介質中是否有很多雜質，如果只是單純的水苔，而捏起來不會過於堅硬，還是維持柔軟和吸水力佳的狀態下，我們就會保留原本介質，也不另外包覆水苔，可以直接施作上板。

如果需要更換新的水苔，也可讓部分氣生根裸露出來，不一定要完全包滿，除了透氣，也可避免水苔部分過於大球而顯得突兀，搶去了植物美麗的光彩。

idea 3

idea 4

idea 5

蘭花有太多太
多品種可以讓
你多方嘗試，
挑選上還是建
議選擇品種小
型的植株來施
作，較為容易。

Others

其 他 植 物

植 物 介 紹

許多植物具有蔓性生長的特性,莖葉甚
至能如流瀑般延展,有些則具有攀爬
性,如果沒碰到可攀爬物體,將之垂吊
就會微微下垂。這類的植物通常也較耐
陰,非常適合拿來上板。只要找出挑高
角落,掛在牆壁上當作壁飾,任其生長
慢慢延伸;也可以懸空吊掛在窗畔或是
網架上,抬頭欣賞就能得到另一種觀賞
視野,也能看見更立體的綠意。

植 物 上 板

REASON 1

垂墜生長的植物類型,以上板方式欣賞
優雅的枝條姿態。單品種植或者嘗試組
合設計皆適宜。

——

REASON 2

選擇帶有乳白色斑紋,或者葉形別具特
色的植物,如:愛心形、圓珠形,吊掛
在任何空間之中,都能營造出輕鬆閒適
的氣息。

常春藤 × 燻黑松木板

常春藤平價也非常容易取得，
它極具線條感的枝條和翠綠的葉色，
搭配上燻黑的松木板，
完美的搭上了現在流行的粗礦工業風格。

其他植物

常春藤

常春藤建議挑選掉葉少，但莖枝不需要太長的植栽來施作，初期重點先讓植株盡快適應上板環境，不要讓養分耗損在太多的莖枝葉上，穩定後，植物才會茂密漂亮。
我們選用最一般的松木板，先用噴燈燻黑處理再來上板，簡單享受這能夠快速成型的美麗植物。

燻黑木板
裂痕少為佳
搭配植物選擇薄板

此次我們要營造工業風上板，可參考專欄(P.126)試著將松木板燻黑。但由於常春藤垂墜的枝條相當長，挑選較短的木板，視覺比例上會比較漂亮。

材料準備

● 常春藤1株
● 燻黑松木板1片
● 水苔適量
● 0.2mm釣魚線
● 2mm鋁線
● 鑽洞工具

■ 常春藤上板相當輕鬆，我們只需選用較細0.2mm釣魚線來綑綁即可。
■ 完成品重量不重，使用2mm鋁線來製作掛勾。

① **鑽洞** —— 在燻黑松木板上方，鑽出 2.0mm孔洞備用。

④ **纏繞固定** —— 使用0.2mm釣魚線，緊緊將水苔部分纏繞固定至不散落後，釣魚線不需要截斷。

② **脫盆** —— 常春藤脫盆，但在花市購買回來的盆栽中，常會夾雜著各式各樣不同的雜物，脫盆後建議挑出，只留下土壤。

⑤ **上板固定** —— 將綑綁好的水苔部分放上燻黑松木板，釣魚線繼續綑綁，確定水苔和木板不會分離為止。

③ **包覆水苔** —— 使用事先浸濕的水苔，將常春藤下方介質包覆住。

⑥ **製作掛勾** —— 取一段2.0mm鋁線，穿過步驟一所鑽的孔洞，並做出可吊掛的勾環即完成。

其他植物

常春藤

學名
Hedera helix
生長適溫
15-30°C
光線需求
半日照、散射光
濕度需求
💧💧💧

常春藤，長年生蔓性植物，一年四季皆可以生長，除了悶熱的夏天，葉子的紋路會變得不明顯不清晰外，其餘時間葉型和紋路，都是相當吸引人的。隨著植株的生長，莖枝會越來越長，形成非常美麗的垂落姿態。常春藤耐陰，只要在有微光且通風的環境，就能夠輕易的得到滿滿的綠意。

常春藤常以盆栽或吊盆方式栽培。

。照顧技巧。
置於室內半日照或是散光環境，但請勿太過於通風的地方，避免水分揮發過快而容易掉葉。保持水苔潮溼，即時剪除乾枯葉片即可輕鬆種植欣賞。

積水鳳梨 × 樹皮切片

積水鳳梨葉片中間積水，不需要太多介質的特殊生長方式，
搭配在樹皮上，放置室外或是室內有光的環境，
就能散發如同原生環境般的自然野趣。

其他植物

積水鳳梨

積水鳳梨在市場中有很多的種類可以挑選,可依照準備板材大小做選擇外,積水鳳梨特異向上、延伸的分株特性相當可愛,筆者通常都會挑選已經有分株,外型饒富奇趣的植栽來施作,作品會讓人眼睛為之一亮。另外,盡可能的挑選盆內介質為水苔的較好施作喔。

樹皮切片
挑選紮實無裂痕

積水鳳梨生長一段時日之後頗具份量,挑選樹皮厚實的,也盡可能找尋樹皮裂痕較少的施作,以加長使用期限。

材料準備	●積水鳳梨1株 ●樹皮1塊 ●水苔適量 ●0.2mm釣魚線 ●2.5mm鋁線 ●鑽洞工具

■使用較粗2.5mm鋁線使用,避免因為日後分株過多,重量較重,線材太細,容易有掉落的可能。

■由於積水鳳梨對於介質需求較少,綑綁線材不需要太粗,0.2mm釣魚線即已足夠。

珍珠毬蘭 × 樹皮

花朵有淡淡香氣的珍珠毬蘭，
綁上樹皮後掛在門邊，讓來往的人可以因為他的香氣
進而注意到他那可愛密集的小花朵，流連駐足的欣賞。

其他植物

珍珠毬蘭

挑選珍珠毬蘭時,首先觀察他葉子的狀態,在開花初期花瓣微小,盛開時花瓣會往後翻,花快謝時,花瓣則是會往前包回,所以在挑選的時候,盡可能的挑選初開或是盛開的施作,除了美觀外,香味會比較持續。

樹皮
挑選厚重紮實

由於珍珠毬蘭成株可以生長的非常大且高,樹皮就盡可能選擇大片的來施作會比較搭。另外也請挑選厚實的樹皮,以延長使用期限。

材料準備	● 珍珠毬蘭1株 ● 樹皮1塊 ● 水苔適量 ● 0.2mm 釣魚線 ● 2mm 鋁線 ● 鑽洞工具

■由於不希望綑綁線材太明顯而搶奪了花朵的風采,我們使用0.2mm的透明釣魚線來加以綑綁。

① **鑽洞** —— 在樹皮上方鑽出 2mm 孔洞備用。

② **脫盆** —— 花市購買回來的盆栽中，常會夾雜著各式各樣不同的雜物，脫盆後建議挑出，只留下土壤或水苔。

③ **包覆水苔** —— 使用事先浸濕的水苔，將珍珠毬蘭下方介質包覆住。

④ **纏繞固定** —— 將植株放上樹皮，使用釣魚線將水苔與樹皮纏繞至水苔穩固不會散落為止。

⑤ **製作掛勾** —— 取一段 2mm 鋁線，穿過步驟一所鑽的孔洞，並做出可吊掛的勾環。

⑥ **完成**

珍珠毬蘭

學名
Hoya pachyclada
生長適溫
15-30°C
光線需求
半日照
濕度需求

珍珠毬蘭原生於熱帶以及亞洲亞熱帶地區，對於光與水的要求不高，半日照環境，土壤不需要一直保溼，微濕及多對葉片噴水也有助於新梢發育生長。花朵微小但密集且帶有香氣，像極了可愛的小瓷瓶。在開花階段花朵的變化相當多，吸引著很多花友會細細的品味欣賞。目前市場價格不高，很適合拿來上板施作。

珍珠毬蘭開花，頗有珠圓玉潤的美感。

。照顧技巧。

許多人會將開過花的花梗，或是細細瘦瘦的枝梢修剪掉，但這些地方都有可能會開花，所以建議不要隨意修剪枝條，以免把將要開花的地方剪掉了。

窗孔龜背芋 × 燻黑松木板

很多人認為窗孔龜背芋只能盆植擺放在地上，
其實將他放上燻黑的松木板吊掛在牆上，
看著從窗孔打落下的光線，原來，窗孔龜背芋是這樣的美！

其他植物

植物 PLANT **挑選**

窗孔龜背芋

窗孔龜背芋,市場中有相當多的尺寸可以選擇,其會有延伸攀附的特性,初期可挑選植栽小一點的、還未有攀附氣根的來施作,可減少掉落的顧慮,上板後再慢慢等待他的攀附扎根即可。

板材 BOARD **挑選**

燻黑松木板
燻黑可讓植物更顯色

由於選擇了三吋小盆的窗孔龜背芋使用,所以此次示範的松木板僅約10×20公分,厚度1.5公分即已足夠。事先將木板處理燻黑,讓窗孔龜背芋的綠色更爲襯托顯色。

材料準備	●窗孔龜背芋1株 ●松木板1片 ●多肉黏土適量 ●2mm鋁線 ●鑽洞工具

■因應立體栽培的需求,有一種較新的介質—多肉黏土,帶有黏性,可以不用綑綁,而又兼顧保溼,效果讓筆者驚爲天人,運用於上板,可說是相當簡便省時,值得一試。
(多肉黏土可洽詢:FB米朵開門)

STEP BY STEP

① **鑽洞** —— 在松木板上方鑽出2mm
孔洞備用。

④ **上板固定** —— 用多肉粘土包覆好根
系，再放到松木板上按壓固定，確
定土團粘著不會掉落。

② **脫盆** —— 輕輕擠壓盆栽，將植株從
盆中脫出，並去掉土壤。

⑤ **製作掛勾** —— 取一段鋁線，穿過步
驟一所鑽的孔洞，並做出可吊掛的
勾環。

③ **調配介質** —— 多肉粘土慢慢加入適
量的水，攪拌出微濕帶有粘性。

⑥ **完成**

窗孔龜背芋

學名
Monstera obliqua Miq.

生長適溫
15-30°C

光線需求
半日照、散射光

濕度需求
🌢🌢🌢🌢

窗孔龜背芋，市場上又被稱作洞洞蔓綠絨，但他其實是隸屬於天南星科龜背芋屬的植物，而不是蔓綠絨屬。葉片在小時就能裂化，和一般龜背芋葉片必須到很大才能裂化不同，而窗孔龜背芋葉面較小，也與動輒葉片大於一米的一般龜背芋有非常大的差異。植株耐陰耐濕，市場售價便宜，所以是居家室內非常易於種植的植物。不過請注意，龜背芋汁液有毒，注意不要讓小朋友或寵物誤食喔！

奇特的葉形，總讓窗孔龜背芋引人注目，忍不住叫人多看幾眼。

上板植物與牆上壁畫相應相襯、相得益彰。

。照顧技巧。
室內偏光或是室外半日照的場所都能種植，光照充足葉片顏色較深綠。平時澆水建議將土團浸濕即可吊掛，避免用水柱沖，以免土團掉落。

1

喜悅黃金葛

黃金葛為天南星科龜背芋亞科，屬多年生常綠藤本植物。喜悅黃金葛又稱為白金黃金葛，也是黃金葛的品種之一。植株蔓性匍匐狀，莖節生氣根，可藉由氣生根攀附物體，所以相當適合拿來上板栽培。

喜悅黃金葛葉片白綠相間，相當漂亮。若植株莖生長太長不美觀時，也可截取莖節有氣根的部份，加以分株種植。

1

2

香毬蘭

又稱為錢幣毬蘭或是迷你毬蘭，多年生蔓性草本植物，引進國內已有相當長的時間，很適應台灣的環境。所開出的小花非常優雅袖珍可愛，白色一朵朵像似摺紙星星狀的小花，但卻能發出濃郁的香氣，開花期間，可將植株放入室內，香氣久久不散，令人驚艷。

2

毬蘭種類很多，花為星型蠟質，且質感晶瑩剔透。

其他植物

3

斑葉心葉毬蘭

毬蘭的枝條具有蔓延性，若碰到粗糙潮濕的立面便會攀附生長，否則會蜿蜒下垂。介質略保濕潤，不喜積水的特性，是非常適合作為上板的素材。葉片厚實、形狀像愛心的心葉毬蘭，還很適合作為情人之間餽贈的花禮。

3

4

絨葉鳳梨

具耐旱性，植株低矮，大多都小於20公分，欣賞重點在於葉片紋路，葉緣有鋸齒，組成蓮座般叢生外型，用於上板時，除了單植，底下也可組合搭配匍匐垂懸的常春藤、營造高低錯落之美。適合栽培在半日照至全日照的環境，但入夏之後，要避免陽光直射，以免葉片焦黑。

4　　　　4

5

斑葉絡石

葉色柔美細緻，市面品種常見兩種葉色，一種葉色混雜有綠白粉紅，另一種葉色則混雜綠橘黃。葉片線條優雅，常以吊盆方式販售，藤蔓生長的特性所以也適合以上板方式栽培與欣賞。喜好半日照的遮蔭環境，光照不足易使枝條徒長且葉色轉綠，失去觀賞價值。

5

6

灰綠冷水花

植株低矮，葉面呈灰綠色，莖部纖細易分枝蔓生，欣賞其流洩姿態。原生於陰暗之處，所以室內栽培時僅靠燈光就能正常生長，陽光直射會灼傷葉片。入夏遇高溫時，要保持通風與提高空氣濕度，並經常對葉片噴霧。

7

黃金錢草

又名圓葉遍地金、金葉過路黃，莖部纖細幼弱，株高小巧玲瓏約15公分。原種黃金錢草的葉片為黃綠色，金黃色的黃金錢草是園藝品種。喜愛半日照環境，若處於全日照環境，在炎熱的夏季要避免日光直射。可作小品上板欣賞或與其他喜溼植物一起搭配設計，其明亮金黃的葉色，在配色上有絕佳的提亮效果。

8

絲葦

原產於中南美洲，是附生性多肉植物，別名垂枝綠珊瑚。肉質化、分枝多的莖呈現碧綠色，下垂匍匐或直立生長。具有耐旱、耐高溫的特性，那細長如髮絲的特殊線條造型，很適合懸垂在北歐風的空間中，簡約大方，欣賞它有如綠色爆泉的旺盛生命力。建議使用排水效果好的介質，土乾再澆水，以免過濕爛根。

其他植物

9
串錢藤

葉形討喜、名字吉利,是花市銷售榜上主流,爆盆時有如一串串錢幣,頗有財源滾滾之吉兆。常作小品盆栽懸掛欣賞,也可上板栽培,透過背板襯托它清新亮眼的葉色。栽培環境以半日照或遮蔭處為宜,耐旱性佳,介質乾透後澆透,澆水過量會使根系枝條腐壞。

10
弦月

弦月葉片為紡錘形、頭尖、葉色灰綠、表面有數條透明縱線;莖部擁有懸垂或匍匐性,使其成為常見的吊盆植物,特殊的葉形總是格外引人注目。適合在半日照且通風之環境為主,稍具耐旱性,土乾再澆透,若發生缺水時,葉子會失去光澤、皺縮乾癟,但不宜噴水保濕以免腐爛。

11
百萬心

常綠蔓性草本植物。莖為蔓性且節間易生氣根,枝條幼時挺直,逐漸發育後四散下垂,長度可達1公尺。葉片對生呈心形,質地厚實多肉,葉色則有斑紋、斑塊或全綠等變化。枝條分枝性佳,其垂曳姿態優雅,是常見的吊盆植物,若以上板方式栽培,可單獨種植或上方與其他植物搭配組合,會更有層次。

松木板燻黑教學

這幾年工業風相當流行，木板和鐵件的搭配加上暗黑的色調，讓很多人相當喜歡。其中把木板燻黑的一種技巧，可以讓木紋的顏色更加明顯，是非常多人推崇的。今天我們就用手邊常見的一些小工具，來教導大家怎麼改造自己的木板，增加更多風格迥異的變化。

。燻黑前注意事項。
因為燻黑木板需要用到火焰，所以建議一定要在室外。可以的話準備一盆水，或是打溼的毛巾在旁備用，以免發生意外。而施作時，千萬不要帶手套等易燃物品在手上喔！

。準備材料。
1. 準備燻黑的板材
2. 小噴燈
3. 打溼的毛巾

。STEP BY STEP。

1. 利用噴燈的火焰，在木紋上慢慢的燻黑木板的紋路，建議以小火，慢慢烘烤加深木紋顏色，切勿使用太強烈的火焰，以免發生意外。

2. 木板燻黑完成。

其他植物

。 使用燻黑木板上板的效果。

關於上板植物的二三事

上板提醒

。使用釘子注意事項。

有相當多的人，在上板的施作中是使用釘子釘於木板上，藉以綑綁固定水苔，完成品看不到綁線，比較美觀。但筆者自己本身比較不推薦這樣的作法，原因無關螺絲釘或是木釘材質，主要是會縮短木材使用期限，在螺絲釘或是木釘鑽入木板的同時，常會因為迫入造成裂痕，加上木頭本身有紋路，裂痕常會順著紋路一直裂上去，最後木板就整個裂開了。

所以在本書中的示範，筆者是直接在木板前後綑綁纏繞來固定好水苔，這是筆者比較習慣的作法，提供給大家參考，並沒有絕對好壞喔！

在水苔周邊打幾根釘子，然後以線材纏繞固定水苔的作法：

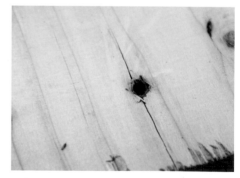

日久可能會從釘子的地方漸漸裂開，導致需要換板。

其他植物

·線材纏繞注意事項·

新手剛開始嘗試上板，細綁線材的手勢可能比較不順，在此提供幾種筆者比較建議的方式：

方法 1

正反 Z 字型綁法

在板子上以 Z 字形前後來回纏繞線材，固定效果最好，適用於較重的植物類型，如：鹿角蕨。

方法 2

上釘固定綁法

在木板兩側各釘一個螺絲釘，在水苔周邊環繞線材，不用將線材圈繞至木材外側、背面，整體較美觀，適用於視覺系上板人士。

＊釘螺絲釘的地方，有可能容易讓木材漸漸裂開，這一點請注意。

方法 3

平行綁法

適用於已事先將植物根系包成苔球狀，要將苔球固定到板材上面時，如：一般觀葉植物、3 吋盆栽都可以先包成苔球。

NG.

鹿角蕨上板固定時，細綁線材應避免橫壓中央新生芽點的地方。

日常養護

將植物上板只是個開始，日後該怎麼養護才能維持植物漂亮、正常生長呢？有幾個技巧可以掌握：

。澆水技巧。

上板植物大多是使用水苔介質，水苔在乾燥的狀態下，水分吸收是比較緩慢的，當使用噴水器時，建議二次噴水法，先少量的噴一點點水在水苔上，等待個幾分鐘，水苔表層吸收了水分軟化後，再繼續第二次的澆水，這樣的方式裡面較容易濕透。但筆者最愛的方式還是將板子直接拿去水龍頭下徹底淋濕，不再滴水後再掛回原位，這種方式最簡單而且介質確定濕透，可以維持一段時間，等水苔快乾燥時再進行下一次澆水。

水苔完全乾燥時，顏色較白，重量變輕不容易吸水。

。吊掛位置。

除了少數幾種植物需要大量濕度，不需要放太通風位置外，大多數植物建議放置最少有偏光且通風的環境中，較不易讓根系因悶熱折損，也可避免板材短時間發霉或是損壞。

上板植物通常喜歡通風、偏光的環境。

其他植物

施肥方式。

適當的幫植物施肥才會更漂亮健康，但上板植物怎麼施肥呢？使用稀釋的液肥，在澆水的同時讓水苔吸收，進而讓植物攝取。走一趟花市、園藝資材行，應該可以找到放置長效肥的容器，將肥料置入後，直接插入水苔即可，這樣每次澆水就可以釋放一些肥份到水苔中給植物吸收。

另外，也有販售小袋裝的肥料，可平鋪置於水苔上方，如果是風大的地方擔心吹走，也可以用牙籤加以固定喔！

何時需要換板。

不管任何板材，都會有耗損的問題，時間長短取決於板子的材質，再加上部分植株成長較快，當植株大過於板材時，就會有換板的問題。

在此筆者先說一下自己這幾年來的經驗，除非是板材破碎，不然不建議將植株取下換新板。因為我們遇過相當多的狀況是，植株根系已經牢固攀附在板材上，但為了從板材上將植株取下，會破壞掉根系而讓植物受傷。所以我們會建議，直接在原有舊板材上，墊上新的或是要加大的板材固定住，除了植株比較不會受傷外，它也不用再重新適應一次新的介質或是板材，會是對植物比較好的方法。

植物長大後，板子後面再墊一塊更大的新板子。

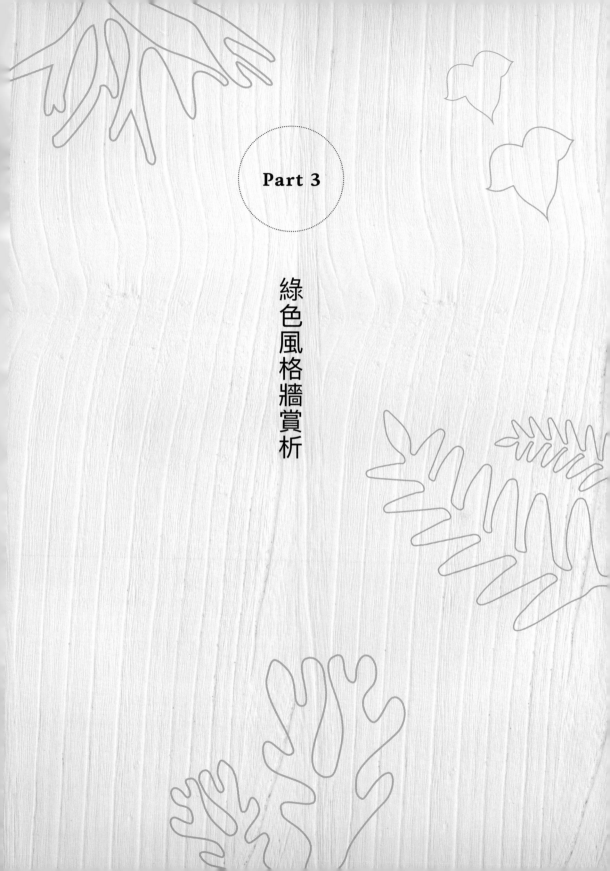

Part 3

綠色風格牆賞析

SHOP

樂樂寵物好棒棒

DATA

SHOP 樂樂寵物好棒棒
ADD 彰化市員林市萬年路三段189號
TEL 04-8335808
F B 樂樂寵物好棒棒

一間猶如天堂，史詩般的寵物美容中心，發現時讓筆者驚艷訝異許久，裡面的負責人和我這樣的聊著：「Dog are human friend，Plants are friends of the earth」。當初想把植物引入店內，是因為在這座水泥城市，擁有植物氛圍的商業空間少之又少，加上是經營寵物店，嗅覺敏銳的毛小孩進來時，會嗅到環境中有其他寵物遺留下來的氣味而緊張。所以我們把植物帶進室內，並搭配播放輕音樂，讓毛小孩在整個美容過程中更放鬆。

負責人這樣輕鬆的說著，但眼神中流露出的，是對於寵物、對於植物細膩的觀察與愛，讓筆者心裡有深深的感動。

打造人・植物・寵物同樂共生的一方天地

三個上板的大型鹿角蕨，搭配牆上裝飾的鹿頭，一幅鹿的極致畫面！

Ⓐ 爪哇鹿角蕨／Ⓑ 象耳鹿角蕨／Ⓒ 何其美鹿角蕨

霸王空氣鳳梨有如一頭波浪捲髮，靜靜的勾在樹枝上，不經意看到時卻會被它的樣貌吸引住。

店門口落地窗內，直接擺設一株樹枝，將上板的何其美鹿角蕨固定在上頭，再搭配幾串松蘿空氣鳳梨，以及鸚鵡模型，營造出輕快的雨林氛圍，人和寵物看著都能放鬆。

另一面牆上、柱子、天花板也有大量的植物,有蕨類、空氣鳳梨、石松,利用上板吊掛的方式,打造綠意包圍的空間。

只要調整好水分控管,注意光線條件和氣流循環,加上選擇鹿角蕨這類需光亮較少的植物,其實養護並不困難。藉由改變排列,還可以讓牆面動態變化。

陽光灑進屋內的古董鋼琴與植物,彈奏著優雅的自然樂章。

NAME 何其美鹿角蕨

最愛的上板植物，莫過於何其美鹿角蕨，它有對稱的孢子葉葉型，完整不易破損的營養葉冠，日後成株碩大的體型，都是店家老闆最喜歡的特點。

NAME 兔腳蕨

兔腳蕨上板幾乎沒有適應環境的問題，因為它是相對耐旱喜光的蕨類，所以初期注意澆水頻率，不要讓介質乾透，也不要直接照到陽光即可。漸漸成長後展現非常自然的附生風貌，在我們的環境適應的非常好。

∘ **維護秘訣** ∘

NAME 窗孔龜背芋

花市多半稱之為洞洞蔓綠絨，葉面佈滿許多大小不一的孔洞，非常有特色。引進栽培的時間已相當久，栽培十分容易，是下一個準備動工上板的植物之一。

POINT 1 補充日照

需光性強的植物，趁著有陽光時拿到店外接受日照，也讓店外的三角架輪流展示不同的植物，好像每次走過都有不同的風景。

POINT 2 澆水方法

做好排程，每日傍晚將植物輪流澆水，待瀝乾後收入室內。

SHOP

在植物園裡喝咖啡

DATA

SHOP 在植物園裡喝咖啡
ADD 彰化縣員林市成功東路 317 巷 22 號
TEL 04-838-0520
FB 在植物園裡喝咖啡

循著咖啡香，筆者我來到了一間可以和植物深度對話的咖啡店，在這裡，您可以坐下來細細品嚐著手上的咖啡，一邊看著認真的老闆，打理著他所愛的植物。在您想靜靜的看著植物時，這裡的氛圍會讓你沈醉，而您對植物有疑問時，老闆也會不藏私的將他的所知告訴你，最後，如果您看對眼了哪個植物，不只可以欣賞它，也能帶它回家，讓家裡也變成像這個咖啡廳一樣，讓你舒心，也讓你開心。

店老闆說，歡迎大家常來坐坐，牆上的植物隨時都會改變，有信心讓每次到來的你，都會有不同的視覺感受。

一場人與植物深度的對話

牆面上掛上黑網架，可以彈性調整植物位置，讓牆面一直有不同的變化。

復古的紅磚牆搭配上樹皮的上板植物，有著滿滿懷舊的味道。

另一側牆面上，掛滿了當下最流行的各式鹿角蕨，等著茁壯，等著讓你欣賞，也等著喜愛的人帶它回家。

這株是櫟葉槲蕨 *Drynaria quercifolia*，冬天會休眠，一直到春夏醒來長出新葉，特色是擁有大型的營養收集葉，葉形具有觀賞價值。它適合栽培在陽光不會直曬的通風環境，介質乾溼循環，不可過濕以免水傷。

空氣鳳梨搭配漂流木、樹皮上板都很對味。這株是阿比達 *T.albida*，屬於長莖型的空鳳。葉子硬挺、枝條有型，葉色偏雪白，耐曬也耐旱，成長速度算快。

石松型態優雅，幼莖時直立或斜上生長，老莖則下垂，一般常見30~50 公分，可生長達 1 公尺。喜歡濕度高的環境，而且介質必須要透氣，所以可經常在葉子上噴點水氣，避免焦葉。

柳葉槲蕨 *Drynaria rigidula* 一樣具有營養葉與孢子葉，喜歡通風、有明亮間接光的環境，夏天約2 ～ 3天澆一次，冬季則減少澆水。

NAME 細葉皇冠鹿角蕨

每株皇冠孢子葉型態多變，但要說到分岔多
又有飄逸感的，就屬這細葉個體，也因為多
變的特性，更讓人期待下一支孢子葉生成
時，能變化出什麼樣特別的姿態。這株是使
用樹皮上板，尺寸約23x15cm，植株大小約
50x40cm。

NAME 象耳鹿角蕨

幾乎人手都有的象耳，雖然養護上沒有
什麼難度，但要把她養大和養漂亮也是
一門學問。她的營養葉及孢子葉在季節
交替時各別生長，成株時葉子上的脈
絡，可以讓人駐足觀賞好久好久。

P.lemonei Feb 2,2019

NAME 檸檬鹿角蕨

特色是有漂亮的纖毛色，以及
立葉的姿態，還有較緩慢的成
長速度，會讓人痴痴的迷戀著。

SHOP

DENWOLF Bar 放鬆酒吧

DATA

ADD　臺南市東區崇善一街3巷6弄35號
TIME　Fri. Sat. 21:00-02:00 採預約制
FB　　@DenWolfTaiwan
IG　　denwolf_tw

酒吧入口處左牆中央的巨獸鹿角蕨是一大視覺焦點，株高已有200cm，其他還有多種鹿角蕨、空氣鳳梨、石松等植物一起搭配。這是進入 DenWolf Bar 的第一印象。

這個小酒吧特別之處是，你感覺不到喧鬧，聽著優雅的音樂，來杯酒，欣賞著自然、純樸、冷靜的清水模水泥牆上，一板一板上板的植栽，放鬆你腦裡的枷鎖。在這裡不需要多話，就單純的品嚐著自己的感覺，不管是酒、植物或是自己心裡所思考的一切。但想找人聊聊天，帥氣的老闆會很熱情的分享他愛的一切，包含他的酒、他的植物，還有他所擁有的空間。

分享空間、植物、酒、與音樂

Platycerium veitchii cv. *Lemoinei* 檸檬鹿角蕨（立葉銀鹿角蕨變異個體），特色是孢子葉細長，且有著厚厚的白毛。

Platycerium Pewchan 立葉銀鹿角蕨×爪哇鹿角蕨（*P. veitchii*×*P. willinckii*），其特色是有著 *P. veitchii* 的白毛，又有 *P. willinckii* 孢子葉長長的型態，是非常經典且美麗的交種。

鹿角蕨品種為：*Platycerium* Horne's Superise 霍恩的驚喜（*P. madagascariense*×*P. alcicorne* 非洲猴腦×非洲圓盾）。母株長了很多側芽，突發奇想將3個側芽取下來綁在長形的南方松板子上，意外可愛！

鹿角蕨孤冷的英姿卻也在板上綻放吸引力抓住來訪者的眼光，走一趟、喝一杯，你會聽到我們與鹿角蕨的故事。

水泥仿清水模牆上的上板植物，美的就像一幅畫，展開最美麗的身影，期待著你的欣賞。

在音樂、綠色植物的佈景中，讓來訪者可以在城市中的角落找到屬於自己的休憩地。

上板植物置於牆面，讓三維空間有了聚焦的目標。

駐足於此，一板一板的欣賞，暫時忘掉時間，讓心靜下來沉澱。

許多人好奇這面植物怎麼澆水，其實是爬上梯子用水管一株株澆水，大約要花費半小時～1 小時，但樂此不疲，整理完之後總是發呆的看著他們！

爪哇鹿角蕨是市場上流通很多的品種，美麗修長的孢子葉，很難有其他植物能和他一樣的優雅。

Platycerium ridleyi
亞洲猴腦鹿角蕨。上板時考量未來營養葉的生長，將水苔塞成飽滿的圓形會較好看。將兩根螺絲釘鎖至植物兩側，再利用棉線上下環繞，最後將螺絲釘鎖緊就完成了！

Platycerium veitchii silver frond 立葉銀鹿角蕨，背板為南方松，用噴槍烤過加強紋路。

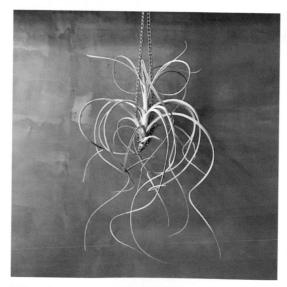

Tillandsia exserta 噴泉空氣鳳梨，葉型窄而細長，欣賞重點在於它優美的線條，曲度狀似噴泉而名。花期在秋季，可開出紫羅蘭色的花。

NAME 女王鹿角蕨
Platycerium wandae

是鹿角蕨中體型可以長到最大的一款。種植在入口處的中央，株高140cm，是一大視覺焦點。

NAME 藍石松 *Huperzia goebelii*（Nessel）

是一種蕨類植物，呈現銀綠色光澤，枝條結實粗肥，在這有遮光罩的環境下生長良好。葉面每天噴濕，介質微乾就會幫它澆水。

NAME 霸王空氣鳳梨
Tillandsia xerographica

屬於中大型的厚葉品種，十分耐旱，直接吊掛或上板都別具個性。生長速度不快，花期多集中在冬季。

．**上板秘訣**．

POINT 加強紋路

杉木背板可以用噴槍烤過，讓木頭的紋路更加明顯，增加背板的手感與個性感。

SHOP

同・居 With Inn HosteL

DATA

ADD　高雄市新興區文橫一路5巷28號
TEL　07 241 0321
FB　同・居高雄青年旅館/民宿 With Inn Hostel

2014春天，在高雄找尋屬於我們的空間，偶然的機會遇到這棟合眼的老房子，並且決定保留台式老屋工藝之美，只做必要的翻修，讓走過半世紀的風華老宅賦予新生命。

旅人來此，最重要的目的是放鬆、休憩，因此我們想到要引入植物增添綠意，最方便的就是吊掛的方式，可以隨意變換位置，目前栽培了蕨類植物、蝴蝶蘭、積水鳳梨等等，其中最多的是鹿角蕨，因為它的品種繁多，外型大小樣貌差異大，可以當主角或者配角互相搭配。上板素材以木板為主，因為和老屋的風格最搭，無論掛在鐵窗上、水泥牆上都能自然融合，其他則還試過用木框、蛇木板和樹皮塊來上板，效果也不賴。

用植栽點綴風華老宅

圍牆這邊種了鹿角蕨、櫸蕨、兔腳蕨、反光藍蕨、積水鳳梨、毬蘭、蝴蝶蘭、山蘇、波士頓腎蕨、絲葦等。旅人在這邊走動，可以自在的享受每個空間。
Ⓐ 皇冠鹿角蕨／Ⓑ 積水鳳梨／Ⓒ 檸檬鹿角蕨 *P. Lemonei*

這株是二叉鹿角蕨交種，背板是用木框加塑膠黑網，並刻意擺成菱形。嘗試不同的上板方式，也是一種樂趣。

這一面日照通風良好，柱子也不要空著浪費，用較亮色的板子，高低錯落安排植物。需要澆水時，直接用水管淋即可。有了植物點綴，在旅人品味台式老宅的同時，也能讓視覺更加放鬆。

A是用蛇木板上板，再加上木製外框，增加板材變化。B的板子有刷漆，也可稍稍延緩木頭腐壞時間。如時間允許，會拿下來一個一個澆水，確保水分澆透。
Ⓐ 爪哇鹿角蕨交種／Ⓑ 皇冠鹿角蕨／Ⓒ 爪哇鹿角蕨交種

陽光灑落的鐵窗花，無疑是植物最佳的栽培環境。用飛來一根樹枝，打破規矩方格鐵窗，看著感覺逗趣。Ⓐ 蝴蝶蘭（鐵爪交種）／Ⓑ 女王鹿角蕨／Ⓒ 亞猴鹿角蕨

○ 上板秘訣 ○

POINT 1 釣魚線耐用

上板最常使用釣魚線來綑綁固定，因為釣魚線最耐用，可確保植物還沒完全抓住木板或太重的狀況下，也不至從木板掉落。

POINT 2 彈力線輔助

初期若不習慣釣魚線較滑不好操作，可以搭配彈力線使用，彈力線較好拉扯綁緊，但時間久會失去彈性而斷裂，植物若未穩根，有掉落的風險。

釣魚線耐用，顏色透明，可以多繞幾圈也不容易看出來。

House

打造被植物包圍的綠色家

圖片提供／台灣蕨類及觀葉植物發展協會成員 王文忠

DATA

地點：桃園・楊梅
栽培場所：車庫、遮陽棚、鐵窗、圍牆
環境描述：郊區迎風面，常有霧氣

種植的位置是利用家裡的車庫、陽臺、遮雨棚、圍牆、鐵窗、水塔周邊、樓梯轉角，只要覺得適合植物生長，就能想到辦法將植物擠進去。最多的上板植物是鹿角蕨，大約是民國92年入坑，一開始是被亞猴漂亮的孢子葉吸引，漸漸發現各品種都有其特色。18種原生種鹿角蕨已經蒐集齊全，安地斯、何其美、蝴蝶是其中最喜歡的原生種，也陸續物色交種迎回家裡。口袋名單中最希望能找到有難度的 *P. Durval Nunes*，期待能夠早日如願。

上板時比較喜歡用蛇木板和軟木板，堅固好用，適合安裝掛勾，方便平面吊掛。其實只要能暫時固定支撐住，讓鹿角蕨定根，甚至是直接把鹿角蕨附著在樹木、石牆或磚牆上也可以順利生長，感覺更為自然野趣。

牆面上的成株，以及鐵窗上的幼株，充分運用空間。

用於阻隔的圍牆上，因為種了植物，成為富有生命力的空間。
Ⓐ 三角鹿角蕨／Ⓑ 銀鹿／Ⓒ 象耳 x 非洲圓盾／Ⓓ 侏儒皇冠／Ⓔ 象耳 x 愛麗絲／Ⓕ 亞洲猴腦 x 皇冠
Ⓖ 銀鹿 x 爪哇／Ⓗ 爪哇鹿角蕨

鐵皮屋的鐵窗也因為有了植物而顯得朝氣勃勃。
Ⓐ 泰國皇冠／Ⓑ 何其美／Ⓒ 爪哇交普鹿／Ⓓ 女王／Ⓔ 馬達加斯加圓盾

鐵窗是最方便用來
掛上植物的地方，
選擇通風明亮，太
陽又不會長時間直
曬的向光面來擺上
鹿角蕨，就會成長
快速又健康。按大
小分層吊掛可以多
容納植株，如果將
來長更大棵也很方
便調整位置。

NAME 鹿角蕨交種 *P. Artemis*（Q鹿 × 非洲圓盾）

已經種植 3 年，孢子葉葉形挺立，展葉寬闊、葉片細長，葉緣承襲Q鹿的特色，有明顯的波浪，葉色偏深綠。它很容易種植，適合初學者栽培練習。

NAME 原生種 *P. wallichii*（沃爾切鹿角蕨／蝴蝶鹿角蕨）

背板是使用栓木樹皮。秋冬長孢子葉、春夏長營養葉，冬季會稍微休眠，春天開始是生長季節。其葉片寬闊、形狀立體，葉形層次分明，表面還披有明顯白色絨毛。

· 上板秘訣 ·

POINT 拼接板材

選擇板材要適合植株，如果太小可以用鋁線拼接加大。棉線、釣魚線，甚至是釘槍、釘書機都可以用來上板固定植株。

House

綠意盎然的上板植生牆

圖片提供／高炳煌

DATA

地點：臺南
栽培場所：1樓陽台下牆面、2樓陽台牆面
環境描述：西北面陽台，夏天會高達40度C

一直以來都是使用塑膠植床板來上板，這種原本用在溫室中的床板，價格便宜而且透氣耐用，唯需要自行裁切成適合的大小。另外，還必須使用孔徑約一公分的黑網平鋪在植床板後方，以防止介質掉落。而除了鹿角蕨，也慢慢接觸空鳳、槲蕨、石斛蘭等適合上板的植物，穿插在牆面上栽培。

建議鹿角蕨新手從3.5～6寸盆的大小開始，植株生長較為穩定而快速。照顧技巧就是要練習判斷澆水時機，用手摸摸介質，盡量維持微濕而不過於潮濕。如果乾過頭了，可以整個泡水讓它恢復。大多數品種在台灣都能適應的很好，除了颱風來襲，即便寒流、酷暑也不會特別更換栽培位置，都可安然渡過。

把石斛蘭種在植床板上，等待日後的表現。

這株皇冠鹿角蕨 *Platycerium coronarium* 是我買的第二株鹿角蕨，孢子葉分叉多且長，皇冠依據產地型態略有不同，同時個體間的差異也不小，也是很值得玩味的一個品種。

鹿角蕨真是很療癒的植物，常常一個人東看西看，觀察他們的生長變化。

Ⓐ *Platycerium alcicorne* Madagascar
馬達加斯加圓盾鹿角蕨／Ⓑ *Platycerium elephantotis* 象耳鹿角蕨

Ⓐ *Platycerium kitshakoodiense*（*P. ridleyi*
×*P. coronarium*）亞皇鹿角蕨（亞洲猴腦 × 皇冠）
／Ⓑ *Platycerium* Horn's Surprise（African
P. alcicorne×*P. madagascariense*）非非鹿
角蕨（非洲圓盾 × 非洲猴腦）／Ⓒ *Platycerium wallichii* 蝴蝶鹿角蕨

陽台的牆面上，也有6板帥氣的鹿角蕨。

158

NAME 爪哇鹿角蕨
Platycerium willinckii T. Moore

相較於其他品種，型態相對多變，顏色、孢子葉型態、大小都有著極大的不同，是很受歡迎，也很容易照顧的品種之一。營養葉老化後會自然枯黃，有時葉肉乾枯剝落僅餘葉脈，甚為美麗。

NAME 普通鹿角蕨
Platycerium Hybrid

當初是在住家附近的園藝店用50元買來的2.5寸小苗，隨著時間慢慢茁壯，現在成了我最喜歡的一顆鹿角蕨。早期一般園藝店販賣的鹿角蕨小苗多是用孢子孵出，因為有性生殖的關係，加上人工栽培環境容易自然雜交到其他不同種的鹿角蕨，所以往往有出乎意料的表現，這是目前流行的分生苗所欠缺的樂趣。

NAME 槲蕨 *Drynaria fortunei*

在自然中，它常附生於樹幹或岩石，特色是腐植質收集葉初生時為綠色，之後會變為褐色，具有觀賞性。居家用植床板栽培，以少量水草與椰塊當介質，同樣固定在植床板上。

House

用上板植物打造手感牆

圖片提供／米朵開門 吳彩雲

DATA

地點：臺北市
栽培場所：陽臺、住宅室內牆面
環境描述：有落地窗自然光灑入，開窗通風

十分熱愛園藝與蒐集雜貨、老件，幾年前開始玩多肉時就慢慢摸索嘗試多肉植物的種植方式。這兩三年才開始將多肉寄植在木板、漂流木、酒瓶甚至盤子，結果發現生長的情況都還不錯，並不會長的比盆子養的還差。除了多肉，蕨類也是很好的上板植物，板子不一定要美麗又高貴的材質，我個人喜好風化過的木板，可以將植物襯托的更自然出色。家裡有一面牆用大量的木質老件來裝飾，並掛上許多上板的鹿角蕨、兔腳蕨、山蘇。蕨類植物種在室內首要就是注意通風，避免悶熱。介質乾了再澆水，也不要在悶熱的時候澆水，這樣營養葉才不會燒焦，最好在黃昏時再給水，以避免水傷。

中央是普通鹿角蕨，背板是早期商家用的檜木托盤老件，運用螺絲跟魚線將鹿角蕨上板固定。

回收棧板刷漆做仿舊效果，拓印上字母圖樣，再利用素燒陶盆切半作舊栽種多肉植物，讓有重量的植株也能一上板就穩固生長在介質中。

運用棧板切割的木板釘製成木框，再將鹿角蕨種入，介質用了樹皮和水苔，以魚線輔助固定。

利用水苔包覆多肉植物，運用螺絲及鋁線讓植物穩穩的固定在木輪上，並添加了漂流木與咕老石，讓整體觀賞價值大大提升。

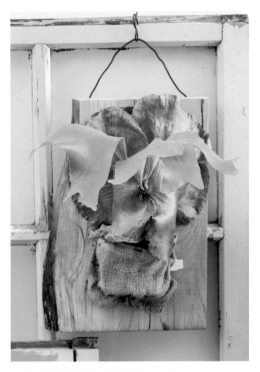

這株是愛麗斯象耳鹿角蕨 *P. Ellisotis*。

多肉植物組盆非常盛行,除了使用盆器,立體化的組盆方式也很受歡迎。

背板可以發揮手作創意,刷漆、拼貼、彩繪,創造獨一無二的多肉上板作品。

• 上 板 秘 訣 •

POINT 使用多肉黏土上板

這板多肉植物的介質是使用了自己研發調配的新式多肉黏土,裡面添加了天然植物粉讓土有黏性,因為多肉植物需要排水性良好的培土,所以把顆粒土一起混拌進去,以兼顧透氣度。施作組合盆栽時,只要將多肉黏土加水揉捏出黏性,即可將脫盆去土的植株種入多肉黏土中,而且穩固不易掉落,可以直接上板固定。

House
4

House

居家打造花牆鹿牆非夢事

圖片提供／吳雨謙 玫桂小築─專利蜂格板

DATA

地點：高雄市鳳山
栽培場所：透天住家頂樓露台
環境描述：東、西面有牆，上圍爲東側牆，
南、北面無遮蔽物，露天黑網遮陰70%

2012年因熱愛小天宮瀑布蘭，夏季翠綠如簾、春季花開如瀑，在天然蛇木板需求下，得知它越來越昂貴及品質良莠不齊，於是自己研發「玫桂小築─專利蜂格板」，來代替天然蛇木板使用。

它的原料是PP塑膠材質，並且添加抗UV劑製造生產，以增強耐用性。裡面填充的介質包含：軟木塊(開根棒)3份，

加上白色火山石1份，排水性佳，亦保有基本保濕保肥的效能。添加火山石則可延長介質濕潤時間，並延緩介質酸化。另有「空板」可依植株需求，自行調配介質填充。

除了蘭花，也發揮試驗精神，利用蜂格板栽種多種鹿角蕨，甚至是景天科多肉植物，都有很好的生長表現。

六大特色：

1. 無須拆板，更換介質
2. 解決酸化，永續生長
3. 供貨穩定，自選介質
4. 美觀耐用，組裝快速
5. 輕鬆上板，利於著根
6. 專利設計，便利施肥

專利蜂格板

栽培於頂樓露台，有搭黑網遮陰70％，讓日照條件更適合鹿角蕨生長。以鹿角蕨上板來說，只要植株成長至可判定種植方向的大小，就可以上板種植，以確保日後正常的成長樣態。

栽培於住家騎樓，緊鄰馬路，大門朝正東，通風良好。上午10點前，低紫外線的陽光直曬，之後無頂陽及西曬。

想掛哪就掛哪，加上搭配檜木老窗框增添上板植株的風采，簡約雅緻。
Ⓐ亞皇鹿角蕨／
Ⓑ爪哇鹿角蕨／
Ⓒ狐狸尾蘭

在現有的居家空間裡，只要能吊掛，環境通風光照適宜，都能種出年年花開，翠綠整年的附生植物。
Ⓐ黃金石斛蘭／
Ⓑ皇冠鹿角蕨

。**維護秘訣**。

POINT 1 薄肥多施

養蘭的關鍵方法是薄肥多施，建議可將肥料網袋放在板子上方，每次澆水即可補充養份，省時又不怕忘記。在此使用的是好康多1號化肥。

POINT 2 環境通風

站著不動能感到風吹拂的場所才算通風，即便開著窗，但空氣不會流動，都不夠通風，植物根系就容易過悶受損。

NAME 黃金石斛蘭

使用天然蛇木板或專利蜂格板(大孔目填充板)來上板,栽培於通風的半日照環境。花期每年4月,約一周左右。4～11月1～2天給水一次,12～3月節水,緩性化肥每年4月開花後更換。

NAME 狐狸尾蘭

典型氣生根植物,介質需求排水性高,需保持植株根部適當濕度。栽培於遮陰70%半日照通風環境,1～2天給水一次,緩性化肥每年4月開花後更換。花期每年二月(農曆年前後),長達一個月左右且濃香。

NAME 景天科多肉植物

使用專利蜂格板(多肉植物專用板),介質包含水苔與顆粒介質。栽培於全日照通風環境,每周澆水1次,每月噴液肥。

NAME 小天宮石斛蘭

使用天然蛇木板或專利蜂格板(小孔目填充板),栽培於半日照通風環境,4～11月1～2天給水一次,12～3月節水。屬落葉性倒吊石斛,每年春末新生枝條、冬季落葉,需適量日照及冬季節水,就能花開成瀑,花期每年4月,花期不長,約兩周左右。

House

私家南方松蕨類小祕境

圖片提供／Amanda Shih

DATA

地點：台南市安南區
栽培場所：廚房後方另搭的玻璃採光罩小花園
環境描述：散光，通風良好

原本就有在居家的2樓陽台栽種多肉植物，喜歡看著植物在自己的照顧之下慢慢成長、綠意盎然，會有滿滿的成就感。

去年底，和先生想到可以利用餐廳外面的空間來做綠美化，讓用餐時的視野更舒適怡人。由於先生很喜歡熱帶雨林風格，所以開始將一些蕨類植物迎回家裡，有：波士頓蕨、崖薑蕨、槲蕨、腎蕨、普通鹿角蕨、亞猴、亞皇、何其美、巨獸鹿角蕨…等。剛開始玩蕨類、幫植物上板，會多跟販售的老闆討教，目前最喜歡南方松木紋清晰又自然的質感，上板非常好看；較小的植株有部分使用蛇木板。最近還進一步在此打造小瀑布和魚池，讓這塊空間更顯得生機勃勃！

這株是台灣原生石斛蘭，買回來時只是塑膠板，後來才自己上板。它的特色是陽光越少、葉子越綠，只需散光。觀察水苔快乾才澆水，肥料使用：好康多一號180天型。

植物大概可區分三個層次，最上面遮光罩是吊盆，牆面上層是較大型的植株，下層則是蘭花、空氣鳳梨，以及鹿角蕨幼苗區。

最近剛設置了魚池，讓這個空間的熱帶雨林風格愈來愈到位了。

這株是亞皇鹿角蕨，有兩種不同葉形可以欣賞。容易照顧，是十分適合新手的品種之一。

將亞猴鹿角蕨 *Platycerium ridleyi* 包覆在球體上，期待未來營養葉包成圓形的美麗模樣。

女王鹿角蕨。

將石松高高掛著，讓它們均勻受光、四面都可以欣賞。風吹來時飄逸的姿態，看著十分舒心。需要澆水時會取下來。

NAME 爪哇鹿角蕨

主要特色是葉面上有白毛。這株沒有上板，是用原先的盆直接掛上南方松板，介質用了水苔、椰殼、樹皮。

NAME 巨獸鹿角蕨

購買時老闆建議先不用換板子，因此就直接掛上，營養葉已經漸漸生長到南方松板子上，表示它環境適應良好。

NAME 何其美鹿角蕨

特別欣賞它散發一股霸氣。使用南方松上板，介質有：水苔、椰殼、樹皮。澆水方式得爬上梯子澆，觀察水苔的濕度以決定何時澆水。

House

把原生叢林風格帶回家

圖片提供／Amjad Chang

DATA

地點：新北市
栽培場所：住宅陽台
環境描述：陽台面南南東，夏季散光、冬季
陽光直射。

2015年開始接觸上板植物，以模擬植栽的原生環境來栽培覺得很有趣。目前種最多的是鹿角蕨，其他還有石松、魚尾星蕨、空氣鳳梨等植物。上板介質依照鹿角蕨品種不同，混搭不同比例（或內外分層）的水苔與木塊。背板則偏好使用樹皮斜向上板，因為鹿角蕨原生於樹上，想把它與樹共存的氛圍帶到家中。

由於板植於陽台兩側，所以會依照鹿角蕨左右側葉子生長換邊照光，因此陽台每個月都會呈現不同的擺設變化，也是樂趣之一。夏天因為陽台有冷氣風口，所以加裝了電扇幫助散熱。澆水頻率夏天約一週兩次，冬天一週一次，不同品種微調澆水頻率。

這株二岔鹿角蕨是我的第一棵鹿角蕨，特色就是不用費心照顧也長得很優美。背板是用蛇木裁成圓形，讓整體感更好。

這株是 *P. ridleyi* 圓葉亞猴，型態承襲猴腦美麗的波紋，外胞子葉比較寬。

P. erawan 非象是非洲猴腦與象耳的交種,擁有非猴紋理清晰的營養葉與大片的胞子葉,喜歡陰涼的環境。背板材質是原生樹皮,上板介質為水苔包覆木塊。

養鹿角蕨開始到現在搬了 4 次家,每次搬家都很怕植栽受傷。這幾年下來,陽台坪數與鹿的數量呈等比成長。

NAME 象耳鹿角蕨 *P. elephantotis*

是個人最喜歡的鹿角蕨,欣賞它上揚四散的
營養葉與下放飄逸的大耳朵,葉片碩大卻又
讓人感覺輕巧的質地。

NAME 巨獸鹿角蕨 *P. grande*

家裡的巨獸還是孩子,全身附著白毛沐浴於
陽光之下,顯得閃閃動人。對我來說巨獸像
是一頭雄偉的巨鹿,期待它茁壯的一天。

NAME 蝴蝶鹿角蕨 *P. wallichii*

對於蝴蝶上下輻射狀展開的姿態很是
著迷,型態非常美麗。飼養上常聽大
家對於度冬時會休眠,甚至一覺不醒
這狀態很擔心,於是整個冬天都小心
的放在靠窗的室內。家中飛舞的蝴
蝶似乎沒有睡著,到了春天更翩翩起
舞!

House **7**

蕨類共生的植物牆

圖片提供／Jacky Chen陳勁璋

DATA

地點：臺南市
栽培場所：市區住宅，栽培於花園的雞蛋花樹下、圍牆與陽台
環境描述：陽光西曬，夏天較多雨且悶熱，冬天偶爾低於10℃

2014年的時候獲得朋友贈送一株 *P. bifurcatum* 普通鹿角蕨的側芽，很訝異它比其他我曾經種過的植物，更適應我的居家環境條件，就這樣加入了種植各種鹿角蕨及蕨類植物的領域。18種原生品種的鹿角蕨曾經完整收集過，其中最喜歡的原生品種是 *P. ridleyi* 亞洲猴腦鹿角蕨，它的外型最像鹿角，營養葉線條脈絡分明，包覆起來相當美麗，孢子葉具有不同的形態表現，無論是一般葉、寬葉、細葉、綴化、圓葉…等表

現，都具有不同的美感，耐人玩味！

給新手的建議是，先從 *P. bifurcatum* 普通鹿角蕨、*P. hillii* 深綠鹿角蕨或 *P. willinckii* 爪哇鹿角蕨等較易種植的品種入門，多培養種植經驗，接著再了解各原生品種的原生環境資訊，從中選擇適合自己環境的品種來種植，這樣種植成功率及所獲得的成就感會更高。除了鹿角蕨，還有上板栽培像是台灣槲蕨、綴化柳葉槲蕨、領帶蘭、珍珠毯蘭、蟻蕨…等附生植物，品味不同的植物美感。

背板用塑膠懸吊棧板及蛇木板，介質使用水苔＋樹皮（或椰塊），依需求比例進行搭配。

Ⓐ *P. grande* 巨獸鹿角蕨

Ⓑ *P. x Mentelosii (P. superbum X P. stemaria)* 巨大鹿角蕨Ｘ三角鹿角蕨

Ⓒ *P. Antis (P. andinum X P. elephantois)* 安地斯鹿角蕨Ｘ象耳鹿角蕨

Ⓓ *P. ridleyi* 亞洲猴腦鹿角蕨

Ⓔ *P. white hawk (P. willinckii x P. Diversifolium)* 爪哇鹿角蕨 Ｘ（普通鹿角蕨 x 深綠鹿角蕨）

台灣槲蕨。板上貌似乾枯的咖啡色葉，其實是槲蕨的腐植質收集葉，形狀紋路甚美。

綴化柳葉槲蕨。欣賞其特殊的羽狀複葉，型態華麗優雅。

珍珠毬蘭。毬蘭有很多種類，它並非蘭科植物，而是蘿藦科的多年生蔓性草本植物，也適合上板種植。

連珠蕨（下）及槲葉石葦（上）合植在同一板上。

◦ 上 板 秘 訣 ◦

POINT 1 使用塑膠懸吊棧板

個人較偏好使用塑膠懸吊棧板，完全不用擔心木板容易腐爛的問題，該板材的使用方法與一般常見的植床板相近，塑膠懸吊棧板規格大小較為一致，但由於塑膠懸吊棧板非一般零售商品，較不易取得，建議直接使用植床板或其他替代品。除此之外，也會嘗試使用盆植、木頭及蛇木板種植。

POINT 2 介質調配原則

上板使用的介質以水苔、樹皮或椰塊為主。種植鹿角蕨的介質建議以不要長時間過濕為原則，偶爾偏乾無妨。種植時可藉由水苔、樹皮或椰塊進行需求比例調配，以控制介質較容易維持在適合種植的溼度。例如露天種植環境多雨或澆水頻率較高，則建議降低水苔比例，將樹皮或椰塊的比例提高，以增加排水效果降低介質的保水度。

POINT 3 栽培環境選擇

鹿角蕨種植的光線因品種而異，主要以偏光或遮光50~70%種植為原則，有些品種經馴化亦可全日照種植無虞。種植環境保持通風，相對濕度建議>60%以上，合適溫度為15~30℃，短時間高溫>35℃或低溫<10℃無妨，部分品種特別偏好涼爽溫度，建議玩家參考各品種鹿角蕨的原生環境條件、分布緯度及高度…等特性進行調整。

NAME 亞猴鹿角蕨 × 皇冠鹿角蕨

P. ×kitshakoodiense

（*P. ridleyi* × *P. coronarium*）

該品種遺傳 *P. ridleyi* 亞洲猴腦鹿角蕨所擁有的特色表現，成長比亞猴更為快速，頗有種植成就感。

NAME 女王鹿角蕨 × 皇冠鹿角蕨

P. Surinarium

（*P. wandae* × *P. coronarium*）

該品種是源自於泰國培育家 Surin Nasuan 的鹿角蕨園藝交配種。

NAME 寬葉亞洲猴腦鹿角蕨

P. ridleyi wide form

該品種是由泰國培育家 Nukul Phothakan 由 *P. ridleyi* 亞洲猴腦鹿角蕨不斷培育篩選出來的園藝種。

NAME 深綠鹿角蕨園藝種

P. hillii cv. *Panama*

有別於一般 *P. hillii* 深綠鹿角蕨所呈現的掌葉型態的孢子葉，葉尾呈現鈍狀且鮮少分岔，在深綠鹿角蕨品種中的辨識度頗高。

House
8

與自然共處的北歐風格牆

圖片提供／謝棠宥

DATA

地點：台南市北區

栽培場所：後陽台，有一女兒牆，隔壁的
牆面也一起利用

環境描述：坐南朝北、2 小時左右的西曬

從小雙親就愛種植物，浸濡在這樣的環境之中，也就自然愛上充滿生命力的花花草草。2016 年偶然見到鹿角蕨，開始了養鹿人生，也有栽培一些與鹿角蕨生長條件接近的蕨類、空氣鳳梨。挑選上板的板材會注意厚度，避免太薄、易裂的材質。介質方面個人偏好水苔，上板時要注意水苔有沒有壓緊，如果鬆散，植物會無法生根，影響後續生長。

最喜歡的是高高在上的女王跟巨獸鹿角蕨，女王讓我非常有成就感，孢子葉有機會長到超過 200 公分；巨獸則宛如一隻非洲雄獅，有一種年輕驕傲的氣質，深得我心。照顧方面，最好要有微微日曬，鹿角的型態會較挺拔，環境一定要通風，等水苔乾了才澆水，所以懶人很適合養鹿。

NAME 女王鹿角蕨

剛買時後約30公分，使用松木板上板，已經栽種大約2年多。目前收集葉約115公分長，因為長孢子葉所以暫時不長；孢子葉約50公分，目前仍在快速成長中。介質使用水苔，一周澆水2次，冬天減量。平時施長效肥，每2周澆水時加施液態肥。

NAME 皇冠鹿角蕨

這株皇冠鹿角蕨入手約1年，剛買時後全長約90公分，現在約130公分。上板的板子是松木板，介質使用水苔，一周澆水2次，冬天減量，兩周施一次肥。

NAME 巨獸鹿角蕨

這株巨獸鹿角蕨入手約2年，剛買的時候正在馴化 沒有收集葉很醜，經過長時間的照顧，現在臉很漂亮、手也漂亮，一隻雄赳赳的獅子很帥氣！

純白色的走廊牆面上，用大量木紋質感的上板植物來妝點，立即營造出天然北歐風格。在座椅上拿著一本書、配著一杯咖啡，心情悠悠然自得其樂。

House
9

House

蕨類迷的異想世界

圖片提供／張仲恩

DATA

地點：臺南
栽培場所：自宅3樓露臺以及1樓店面遮雨棚下花台
環境描述：3樓露臺朝西南，所以下午有點西曬

以前每當心情不好就想遠離塵囂往山上跑，當時就覺得蕨類這種植物有種難以言喻的療癒感，是森林療癒系植物，但是我們一般住在都會區中，卻難以隨時接觸到他們。第一次遇到鹿角蕨是在朋友家看到，才發現原來蕨類也可以在平地長的這麼好。回來之後爬文做功課，就開始失心瘋的添購，一整個往蕨類世界去了。

環顧家裡的環境，西南向的大露臺有一整面牆，可以做為蕨類收藏基地，因為不想在牆面打洞，便突發奇想在吊桿用麻繩打上繩結編網，把上板的蕨類植物吊掛上去，結果效果頗佳，也很方便隨時變化吊掛的高低位置。另一面牆上則有上板栽培的石松、兔腳蕨、松蘿空氣鳳梨、窗簾蕨。用吊掛不貼牆的方式，植物的型態四面生長更優美，而且透氣。除了上板的植物，地面上也種許多蕨類植物盆栽，露臺上的植物數量還在日益增加中。

這株是兔腳蕨，是用鐵網加上鋁線編織來吊掛，欣賞它銀色肉質莖毛茸茸的質地。因兔腳蕨不喜歡強烈陽光，而且較需要高濕度環境，所以要注意選擇吊掛位置。

利用大片造型網繩來吊掛上板植物，在節省空間的同時，也帶來不同的樂趣。

鐵線蕨的背後板材是檜木板，加上粗麻繩呈現天然氛圍，可以懸空吊掛。

牆邊放置一道木製網格屏風，上面也掛了空氣鳳梨、蕨類的上板植物。

這株是馬尾杉，背板是用松樹木片，直徑約6×8cm，加上繩結表現流蘇感。掛在通風、沒有陽光直接照射的位置。

特別喜歡葉片帶有銀毛質感的種類。板材是樹皮，介質是純水苔，線材是用魚線比較耐用。

這是住宅1樓的店面，為了做綠美化，漸漸增加許多植栽，懸掛了石松、兔腳蕨、亞皇鹿角蕨、亞猴鹿角蕨、綴化柳葉蕨、與空氣鳳梨。

。 上板秘訣 。

POINT1 使用天然素材

上板的材質盡量使用天然素材，像是樹皮，因為最符合蕨類原生的感覺。介質是水苔，時間久了，水苔表面也會漸漸變綠，更為自然。

House

令人微醺的陽台小森林

圖片提供／微醺記憶 Carol
http://carolsmemory.pixnet.net/blog
著有《光合作用 Carol's 拍立得日記》

DATA

地點：新北市 板橋區
栽培場所：陽台牆面、鐵窗
環境描述：座南朝北，無全日照、無西曬

剛開始陽台上只養多肉植物，因為它的品種多，形態都很可愛，所以越養越多，之後因為想增加陽台綠意，又加上陽台日照時間並不充足，所以開始研究與接觸空氣鳳梨和蕨類！不小心又被他們深深吸引！在陽台上慢慢添加了這兩種類型的植物。

空鳳和蕨類比較適合吊掛，而且有些體型比較大，裝飾性高，例如蕨類中的鹿角蕨、槲蕨，空氣鳳梨中的霸王鳳、旋風木柄鳳……等等，都很適合造景。鹿角蕨吊掛的話，喜歡木板上板的質感，還有特別喜歡「木框加鐵網」的上板，很像一幅生動的畫！而空氣鳳梨則和漂流木很對味！有些空鳳我會用鋁線綁在漂流木上，吊掛或是擺飾！帶有禪意。

圖中左側為阿福鹿角蕨（女王╳亞洲猴腦）。喜歡鹿角蕨上板在鐵網木框上的質感，照片露出於網路上詢問度很高。右半以窗框為一個佈置主軸，窗框可擺放、可吊掛植物，再慢慢從四週佈局。

普 通 鹿 角 蕨 上 在 木 板
上，任其自由生長就是最
美的姿態。

空氣鳳梨也可直接擺放。圖為扁擔西施 *Tillandsia bandensis*。

高低大小錯落的植物，達到一個植物共生的狀態，也能增加豐富度以及層次感。

桫蕨優雅的線條，有柔化視覺的效果。

鹿角嫩葉的模樣十分可愛。

NAME 反光藍蕨

也可以利用雜貨風的鐵網收納籃來種植蕨類，擺放或吊掛都很透氣又美觀。

NAME 亞皇鹿角蕨（亞洲猴腦 × 皇冠）

被營養葉包覆的木板，直接再上到鐵網木框上，除了方便也增加了層次感！

NAME 爆炸頭山蘇

。 上板秘訣 。

POINT 運用漂流木

空氣鳳梨與漂流木可以說是絕配，不管是固定到漂流木上面，或者只是簡單擺放都很對味。

上板植物索引

本書示範或介紹了60種適合上板種植的植物，以下提供分類檢索，方便您查找植物的上板作品。

鹿角蕨

蕨類植物

植物名稱	頁碼
鳳尾蕨	5
兔腳蕨	10,49,54,137,182,183
鐵線蕨	49,50,183
波士頓蕨	58,
山蘇	62,189
馬尾杉	66,140,147,169,170,184
櫟葉槲蕨	140
柳葉槲蕨	140,177
槲蕨	159,177
連珠蕨	178
槭葉石葦	178
反光藍蕨	189

其他植物

植物名稱	頁碼
常春藤	5,106
積水鳳梨	110
珍珠毬蘭	114,178
窗孔龜背芋	118
喜悅黃金葛	122
香毬蘭	122
絨葉鳳梨	123

空氣鳳梨

植物名稱	頁碼
小精靈	73,82,187
霸王	73,74,135,147,187
球拍	78
休士頓	86
紅寶石	94
大天堂	94,187
阿比達	140
噴泉	146
松蘿	182,183
大三色	187
扁擔西施	188
狐尾	189

蘭花植物

植物名稱	頁碼
西蕾麗蝴蝶蘭	10,98
芒果蝴蝶蘭	93,102,127
大天宮石斛蘭	94
紫蝶蝴蝶蘭	102
石斛蘭	157
狐狸尾蘭	166,167
黃金石斛蘭	166,167
小天宮石斛蘭	167

風格上板—牆上的綠色植栽：鹿角蕨 ． 石松 ． 空氣鳳梨 ． 蘭花 ． 觀葉植物

作　者	微境品主理人 _ 苔哥、花草遊戲編輯部
社　長	張淑貞
總編輯	許貝羚
主　編	鄭錦屏
特約攝影	陳家偉
封面設計	mollychang.cagw.
排版美編	關雅云
行銷企劃	曾于珊 ． 劉家寧

發 行 人	何飛鵬
事業群總經理	李淑霞
出　版	城邦文化事業股份有限公司　麥浩斯出版
E-mail	cs@myhomelife.com.tw
地　址	104 台北市民生東路二段 141 號 8 樓
電　話	02-2500-7578
傳　真	02-2500-1915
購書專線	0800-020-299
發　行	英屬蓋曼群島商家庭傳媒股份有限公司城邦分公司
地　址	104 台北市民生東路二段 141 號 2 樓
電　話	02-2500-0888
讀者服務電話	0800-020-299（9:30AM~12:00PM；01:30PM~05:00PM）
讀者服務傳真	02-2517-0999
劃撥帳號	19833516
戶　名	英屬蓋曼群島商家庭傳媒股份有限公司城邦分公司

香港發行	城邦〈香港〉出版集團有限公司
地　址	香港灣仔駱克道 193 號東超商業中心 1 樓
電　話	852-2508-6231
傳　真	852-2578-9337

新馬發行	城邦〈新馬〉出版集團 Cite(M) Sdn. Bhd.(458372U)
地　址	41, Jalan Radin Anum, Bandar Baru Sri Petaling,57000 Kuala Lumpur, Malaysia.
電　話	603-9057-8822
傳　真	603-9057-6622
製版印刷	凱林印刷事業股份有限公司
總 經 銷	聯合發行股份有限公司
電　話	02-2917-8022
傳　真	02-2915-6275
版　次	初版 9 刷 2023 年 9 月
定　價	新台幣 399 元／港幣 133 元

Printed in Taiwan

著作權所有 翻印必究（缺頁或破損請寄回更換）

國家圖書館出版品預行編目（CIP）資料

風格上板─牆上的綠色植栽：鹿角蕨．石松．空氣
鳳梨．蘭花．觀葉植物 /微境品主理人_苔哥、花草
遊戲編輯部著. - 初版. - 臺北市：麥浩斯出版：家庭
傳媒城邦分公司發行, 2019.05
　面；　公分
ISBN 978-986-408-453-1(平裝)

1.園藝學 2.盆栽
435.11　　　　　　　　　　　　　　107020618